Marcus

Preiswert Bauen

Preiswert Bauen

Leitfaden zur Kostensenkung am Bau

von
Dr. Ruth Marcus

unter Mitarbeit von
Ing.-Büro Paulus & Partner
und H. Amler

2., neubearbeitete Auflage 1997

Werner Verlag

1. Auflage 1995
2. Auflage 1997

Die Deutsche Bibliothek – CIP-Einheitsaufnahme
Marcus, Ruth:
Preiswert Bauen - Leitfaden
zur Kostensenkung am Bau / Ruth Marcus.-
Düsseldorf: Werner.
2. Aufl. 1997
ISBN 3-8041-4396-2

Gesamtherstellung: Runge GmbH, Cloppenburg
Archiv-Nr.: 978/2- 6.97
Bestell-Nr.: 3-8041-4396-2

INHALT

	Vorwort	7
1	**Ihre Leistungen**	9
1.1	Europa: Wie machen es die Nachbarn	9
1.2	Hausbau und Gesundheit	11
1.3	Eigenleistung	13
1.4	Wohnzeitschriften	13
1.5	Kostenexplosion	14
1.6	Geldrausch	15
1.7	Kosten–Nutzen – ständig abwägen!	16
1.8	Gönnen Sie sich was	17
1.9	Bauförderung durch die Bundesländer	17
1.10	Versicherungen abschließen	18
1.11	Ausrüstung für den Bauherrn	19
1.12	Wettbewerb fördern	23
1.13	Transport	24
1.14	Kooperation	24
2	**Für besonders ambitionierte Bauherren**	26
2.0	Das Problem	26
2.1	Auflagenkontrolle	27
2.2	Preisspiegelkontrolle	29
2.3	Vergabeverhandlungen selbst führen	30
2.4	Vertragsgestaltung	32
3	**Die Finanzierung**	34
3.1	Eigenkapital	34
3.2	Der Aufbau der Finanzierung	35
3.3	Finanzierung ausschreiben	38
3.4	Geldquellen	40
3.4.1	Hypothekendarlehen	40
3.4.2	Lebensversicherung	42
3.4.3	Bausparen	43

3.5 Zuschüsse vom Staat 45
3.6 Wohngeldgesetz 47
3.7 Grundschuldbestellung 47

4 Bau-Zeit 48
4.1 Zeit 48
4.2 Zeitplan 49

5 Partner am Bau 52
5.1 Steuerberater 52
5.2 Architekt 53
5.3 Statiker 55
5.4 Handwerker 56
5.5 Schwarzarbeiter 57
5.6 Freunde und Verwandte 58
5.7 Rechtsanwalt 59
5.8 Notar 60
5.9 Behörden 61
5.10 Ortsgericht 62
5.11 Schätzer 63

6 Das Grundstück 65
6.1 Grundstücksgröße 65
6.2 Folgekosten 66
6.3 Wertentwicklung und Wiederverkaufsmöglichkeiten 67
6.4 Abrißgrundstück 68
6.5 Bodendenkmäler 70
6.6 Nachbarschaft 70
6.7 Bebaubarkeit 71
6.8 Grundstückssuche 74
6.9 Informationen 75
6.10 Besichtigung 76

7	**Gebäudeplanung**	78
7.1	Hausgröße	78
7.1.1	Das wachsende Haus	78
7.1.2	Das Ausbauhaus	78
7.1.3	Größer bauen und vermieten	79
7.2	Flächensparendes Bauen	79
7.2.1	Reihenhaus	79
7.2.2	Doppelhaus	81
7.3	Vorplanung	81
7.4	Wieviel Geld dürfen Sie für Ihr Haus ausgeben?	82
7.5	Ihr Wohnraumbedarf	85
7.6	Wohntraditionen	86
7.7	Lebensplanung	87
7.8	Das Raumprogramm	87
7.9	Klischees und Wünsche	89
7.10	Anpassung	89
7.11	Geschosse	90
7.12	Raumhöhe	90
7.13	Verkehrsflächen	91
7.14	Versorgungsleitungen	91
7.15	Treppe	92
7.16	Sicherheit	92
8	**Einsparmöglichkeiten bei einzelnen Gewerken**	94
8.1	Diverse Gewerke	94
8.1.1	Baustelleneinrichtung	94
8.1.2	Hausanschlüsse	94
8.1.3	Rohbau Außenwände	95
8.1.4	Rohbau Innenwände	98
8.1.5	Decken	99
8.1.6	Estrich	100
8.2	Dach	101
8.2.1	Dachneigung	101

8.2.2	Dachstuhl	101
8.2.3	Dachbeläge	102
8.2.4	Dachdämmung	102
8.3	Fenster	104
8.4	Rolläden	106
8.5	Heizung	106
8.5.1	Der Ingenieur für Versorgungstechnik	106
8.5.2	Alternative Energien	109
8.5.3	Passive Nutzung von Solarenergie	110
8.5.4	Energieträger Gas und Öl	110
8.5.5	Fernwärme	111
8.5.6	Elektroheizung	111
8.5.7	Fußbodenheizung	112
8.5.8	Heizkörper	112
8.5.9	Regeltechnik	112
8.5.10	„Niedrigenergiehäuser" und „Passivhäuser"	114
8.6	Sanitär	115
8.6.0	Grundsätzliches	115
8.6.1	Armaturen	115
8.6.2	Dusche oder Badewanne?	116
8.6.3	Sanitärobjekte	116
8.6.4	Gäste-WC	117
8.6.5	Leitungsstrang	117
8.6.6	Warmwasserbereitung	118
8.6.7	Zisterne	118
8.7	Elektroinstallationen	119
8.7.0	Grundsätzliches	119
8.7.1	Steckdosen und Schalter	119
8.7.2	Installation	120
8.7.3	Elektrosmog	120
8.7.4	Sprechanlage	121
8.7.5	Bewegungsmelder	121
8.7.6	Energiesparlampen	121
8.8	Wandgestaltung	121

8.8.1 Innenputz 121
8.8.2 Wandgestaltung in Bad und Gäste-WC 122
8.8.3 Wandgestaltung in der Küche 122
8.8.4 Wandgestaltung in den Wohnräumen 122
8.9 Bodenbeläge 123
8.9.1 Bodenbeläge in Naßräumen 123
8.9.2 Bodenbeläge in Wohnräumen 124
8.10 Türen und Eingangsbereich 125
8.10.1 Zimmertüren 125
8.10.2 Haustür 126
8.10.3 Hausnummer 126
8.10.4 Briefkasten 127
8.11 Treppen 127
8.11.1 Innentreppen 127
8.11.2 Außentreppen 127
8.12 Balkone 128

9 Ökologie 129
9.0 Grundsätzliches 129
9.1 Ökologisch und preiswert bauen 130
9.2 Ökologie und Wirtschaftlichkeit 130
9.3 Abfall 131
9.4 Erde 132
9.5 Der Garten 133
9.5.1 Ökologisches Denken in der Planungsphase 133
9.5.2 Eine Wiese: billig, aber wertvoll 134
9.5.3 Einheimische Pflanzen 135

Stichwortverzeichnis 136

Literatur:
Zeitschriften und Bücher zum Thema 141

VORWORT

Dieses Buch sollte alle Bauherren interessieren,

... denen es wichtiger ist, in Urlaub zu fahren, als ein Haus mit goldenen Wasserhähnen zu besitzen;
... die sich ein Haus für 500 000 DM nicht leisten können;
... die früher als der Durchschnitt ins eigene Haus einziehen wollen;
... und die gesund in ihrem Hause wohnen möchten.

Warum brauchen Sie dieses Buch?
Im europäischen Vergleich ist Bauen in Deutschland teuer. Verantwortlich dafür ist ein Geflecht von Ursachen. Von diesen können Sie als Bauherr nur die wenigsten direkt beeinflussen. So können Sie zwar Ihre Meinung über hohe Bodenpreise, ein kompliziertes Bauordnungsrecht und den sehr hohen vorgeschriebenen Mindeststandard auf deutschen Baustellen bei der nächsten Wahl zum Ausdruck bringen – an den Kosten Ihres Bauvorhabens wird sich dadurch jedoch nichts ändern.

„Zum Glück“ gibt es neben den oben genannten noch eine Vielzahl von kostentreibenden Faktoren am Bau, die Sie als Bauherr in der Hand haben oder in die Hand nehmen können. Mit diesem Buch möchten wir Ihnen zeigen, welche Faktoren das sind und wie Sie diese beeinflussen können.

Wir wollten mit diesem Buch kein „Lexikon“ des preiswerten Bauens schreiben. Vielmehr würden wir uns freuen, wenn Sie als Leser nach der Lektüre dieses Buches ein Gefühl für die Vielzahl von kostentreibenden Faktoren am Bau bekommen hätten und – darauf aufbauend – Ihre ganz persönliche Strategie der Kostensenkung entwickeln könnten.

Aber uns liegt noch etwas am Herzen: Neben dem Gefühl für das preiswerte Bauen möchten wir Ihnen auch vermitteln, daß das Bauen von Häusern eine der befriedigendsten und schönsten Tätigkeiten überhaupt ist. In einer durchorganisierten Welt, in der der einzelne oft alleine vor sich hinarbeitet, bedeutet das Errichten eines Gebäudes immer noch ein Abenteuer, in dem viele Menschen zusammenarbeiten, um ein sinnvolles Ganzes zu schaffen. Als Bauherr haben Sie die Möglichkeit, ein wichtiger Teil dieser „Abenteuergemeinschaft“ zu werden.

Wir wünschen uns, daß Ihnen das Bauen so viel Freude bereitet, daß Sie sich spätestens beim Einzug in Ihr Haus überlegen, was Sie als nächstes bauen könnten.

1 Ihre Leistungen

1.1 Europa: Wie machen es die Nachbarn

„Mehrmals im Leben"

„Da baut man nur einmal im Leben und soll dann noch auf alles mögliche verzichten." Mit diese Einstellung fängt sie in Deutschland oftmals an, die Kostenexplosion am Bau. Das Gefühl, nur einmal im Leben zu bauen, erzeugt den Wunsch, es bei diesem einen Mal wenigstens genau so zu machen, wie man es sich schon immer vorgestellt hat. Und dann wird's in der Regel teuer.

Aber es geht auch anders.
Unsere europäischen Nachbarn machen es uns vor. Viel weniger als wir „hängen" sie an ihren Häusern. Wesentlich häufiger als bei uns kaufen und verkaufen Familien Häuser. Weshalb ihre Bereitschaft groß ist, zunächst ein einfaches, preiswertes Haus zu akzeptieren. Denn – es ist ja nicht für die Ewigkeit. Davon können wir lernen. Zumal das Bauen eines Hauses viel von seinem Schrecken verliert, wenn die Bauherrschaft keine Angst vor dem Gerichtsvollzieher haben muß.

Konkret: Freunden Sie sich mit dem Gedanken an, daß man ein Haus auch wieder verkaufen kann. Und mit dem dabei erzielbaren steuerfreien (!) Gewinn das nächste Haus mit einem größeren finanziellen Spielraum bauen kann.

Mit dieser Bereitschaft, mehrmals im Leben zu bauen, hängt es auch zusammen, daß unsere europäischen Nachbarn bereits frühzeitig im eigenen Haus wohnen. In Holland und Dänemark bauen gerade junge Familien mit Kindern ihr erstes eigenes Haus, welches dann freilich keine 450 000 DM, sondern vielleicht die Hälfte kostet. Dagegen ist in Deutschland das Bauen des Eigenheims vorwiegend eine Sache mittlerer Altersgruppen. Denn erst in diesem Lebensabschnitt kann man daran denken, ein Haus zu bauen, das circa 450 000 DM kostet. Wir fragen Sie: „Warum bis zu Ihrem vierzigsten Geburtstag mit dem ersten Spatenstich warten?“ Wir sind der Meinung: Lieber mit 25 Jahren im eigenen Haus ohne goldene Wasserhähne wohnen, als weitere 15 Jahre Miete zahlen. Deshalb unser Rat: Trauen Sie sich früh!

Jeder, der einmal in Dänemark seinen Urlaub verbracht hat, schwärmt von den hübschen, niedlichen Häusern des Nachbarlandes. Doch trotz aller Ferienromantik halten sich bei uns hartnäckig Zweifel und Vorurteile: erstens die Befürchtung, ob diese Holzhäuschen auch „stehen bleiben“, wenn es mal stürmt, und zweitens die Empfindung, daß die deutsche Bauqualität eben doch eine besondere sei.

Dazu sei Ihnen versichert: In den wesentlichen bautechnischen Fragen, wie die der Standsicherheit und der Wärmedämmung, sind die nordischen Häuser den deutschen mindestens gleichwertig, wenn nicht sogar überlegen. Unterschiede in der Bauausführung, die von deutschen Besuchern vielleicht als Mängel erlebt werden, gibt es sicher. Beispielsweise sind die Bäder in der Regel durchaus weniger aufwendig ausgestattet als bei uns. Aber abgesehen davon, daß sich eine komfortablere Ausstattung auch später verwirklichen läßt – einen Hinweis darauf, daß die Bewohner dieser Häuser wegen der einfacheren Ausstattung ihrer Häuser weniger zufrieden sind, gibt es nicht. Eher trifft das Gegenteil zu, denn sie werden nicht von einer enormen Schuldenlast erdrückt.

Eine der Ursachen dafür, daß viele Deutsche an ihre Wohnhäuser einen sehr hohen Anspruch stellen, ist darin zu sehen, daß einfache Holzhäuser oft noch mit den Baracken und Behelfsbauten der Nachkriegszeit in Verbindung gebracht werden. Die waren in der Tat schlecht isoliert, feucht und meistens zu klein. Aber diese Baracken haben mit den Holzhäusern der nordischen Länder nichts gemeinsam. Als Bauherr können Sie eine Menge Geld sparen, wenn Sie sich von dieser historisch gewachsenen „Barackenangst“ frei machen und sich statt dessen an den hohen Wohnwert der hübschen nordischen Häuser erinnern.

An dieser Stelle noch etwas Grundsätzliches zu den Themen Bauqualität, Ökologie und Kosten. Vielleicht haben Sie auch eine der vielen Fernsehsendungen zum Thema „Preiswert Bauen“ gesehen. Regelmäßig werden dort Häuser vorgestellt, die nur einen Bruchteil der in Deutschland errichteten kosten. In einem Nebensatz wird dann darauf hingewiesen, daß die „Lebenszeit“ dieser Häuser mit 30 Jahren angesetzt wird, wobei über die ökologischen Folgen dieser Einstellung kein Wort verloren wird. Wir denken, daß die Solidität der deutschen Art zu bauen unter ökologischen Gesichtspunkten betrachtet gut und sinnvoll ist. Denn wenn in einem Haus nacheinander drei Generationen leben können, wird gleich zweimal gespart: Erstens müssen weder Energie noch Rohstoffe zum Bau der neuen Häuser eingesetzt werden, und zweitens belastet der Abfall von zwei abgerissenen Häusern nicht die Mülldeponien. Kurz gesagt: Wir sollten Wegwerfhäusern in Deutschland aus Gründen der Ökologie keine Chance geben. Preiswertes und zugleich solides Bauen ist möglich.

1.2 Hausbau und Gesundheit

„Wenn Ihnen Ihre Gesundheit lieb und teuer ist, bauen Sie ein preiswertes Haus”

„Du siehst schlecht aus.“
„Kein Wunder, ich bau' ja gerade.“
„Na, dann ist ja alles klar.“
So könnte ein klassischer Dialog zwischen einem Bauherrn und seinem Freund in der Bauzeit ablaufen. Gilt es doch fast als normal, daß „Häuslebauer“ einen kranken, leidenden Eindruck machen. Auch die Tatsache, daß Ehen einen Hausbau gelegentlich nicht überstehen, wird von vielen als schicksalhaft hingenommen. Genau das wollen wir ändern. Als Leser dieses Buches sollen Sie am Ende Ihres Bauvorhabens entspannt zu Ihrer Familie sagen können: „Kommt, laßt uns mit dem ersparten Geld eine Woche in die Südsee fahren.“

Hier unsere dringendsten Empfehlungen zum Thema Gesundheit trotz Hausbau:

Geldsorgen, eine Vielzahl von zu treffenden Entscheidungen, unzuverlässige Handwerker, Zeitdruck, Mißgeschicke am Bau und, und, und ... all dies kommt praktisch bei jedem Bauvorhaben vor und verursacht viel Streß. Dieser läßt sich jedoch auf ein Minimum reduzieren, und – so verrückt es klingen mag – Sie sparen dadurch auch noch jede Menge Geld. Denn einer der ärgsten Sorgenverursacher am Bau ist das liebe Geld. Den Bauherrn, der sagt: „Ich komme mit meinem Geld aus", gibt es so gut wie nie. Mit der Folge, daß es kaum einem von Ihnen gelingt, die Bauzeit ohne Streit mit der Familie und nervöse Magenbeschwerden zu überstehen. Deshalb: Bauen Sie so, daß Ihre finanziellen Möglichkeiten nicht bis zum letzten ausgereizt werden! Es kann nicht Ihr Ziel sein, geschieden, mit Magengeschwür und Gerichtsvollzieher am letzten verbliebenen Tisch im neu erbauten Heim zu sitzen. Hinweise darauf, wieviel Haus Sie sich leisten können, finden Sie im Kapitel „Finanzierung".

„Während der Bauzeit gab es für uns kein Wochenende und keinen Feiertag", sagen viele Menschen, die sich ihren Traum vom eigenen Haus erfüllt haben. Für Sie sollte das nicht gelten. Natürlich kostet das Unternehmen „Hausbau" viel Zeit. Aber – gönnen Sie Ihrer Familie und sich mindestens einen „hausfreien" Tag in der Woche, an dem Sie entspannen können. Das zahlt sich aus, denn Sie werden sich dadurch mit mehr Energie und Freude für Ihr Haus engagieren können.

„Ich kann nicht mehr schlafen. Meine Gedanken kreisen bis spät in die Nacht: Reicht das Geld, stürzt das Dach ein, kommen die Fliesenleger ... es hört einfach nicht auf." Diese Aussage sollte für Sie nicht zutreffen. Lernen Sie, am Abend abzuschalten! Hilfreich wird es dabei sein, wenn Sie die Gedanken, die Ihnen durch den Kopf gehen, sofort auf einer Erinnerungsliste „parken". Dort können Sie dann von Ihnen am Morgen abgeholt und bearbeitet werden. Denn eines ist sicher: Kein Problem am Bau wird dadurch gelöst, daß Sie schlecht schlafen.

1.3 Eigenleistung

„Faulheit zahlt sich aus"

„Ich kann mauern, tapezieren, lackieren und Fliesen legen. Durch Eigenleistung läßt sich beim Hausbau viel Geld sparen. Deshalb möchte ich auch möglichst viel selber machen!" So verständlich dieser Gedanke auch ist – unter dem Gesichtspunkt des preiswerten Bauens betrachtet, ist er leider nicht ganz richtig, denn Ihre Energien werden an anderer Stelle dringender gebraucht. Es spricht nichts dagegen, wenn Sie auch einmal eine Schaufel in die Hand nehmen. Aber mehr Geld können Sie am Bau einsparen, wenn Sie andere Aktivitäten (s.u.) entfalten. Menschen, die vorwiegend geistiger Arbeit nachgehen, ist es aus medizinischer Sicht nicht zu empfehlen, ihrem Körper mit Gewalt Leistungen abzuzwingen, an die er nicht gewöhnt ist und die ihn dauerhaft schädigen können. (Dieser Hinweis gilt natürlich nicht für gelernte Handwerker, für die Eigenleistung kein Problem darstellt.)

1.4 Wohnzeitschriften

„Wohnzeitschriften: Lesen verboten!"

Dieses „Verbot" ist natürlich nicht ganz ernst gemeint, denn Sie werden gerade in der Planungsphase ausgiebig nach Ideen für die Ausstattung Ihres Hauses suchen wollen. Aber Vorsicht! Sind doch die Einrichtungsvorschläge fast aller gängigen Wohnzeitschriften für Durchschnittsmenschen praktisch unbezahlbar! Wenn Sie ein preiswertes Haus bauen wollen, können Sie sich einfach keine Badewanne leisten, die mehrere tausend DM kostet. Aber Sie können etwas anderes, nämlich sich durch die Zeitschriften anregen lassen und aus deren teuren Vorschlägen eigene, preiswerte Lösungen entwickeln.

Beispiel: Sie sehen in einer Zeitschrift eine wunderschöne Eckbadewanne, die genau in Ihr geplantes Bad passen würde. Leider sieht Ihr Budget für das ganze Badezimmer gerade mal soviel Geld vor, wie diese Badewanne kosten soll. Zusammen mit Ihrem Architekten finden Sie die Lösung: Eine Standardbadewanne wird diagonal in eine Ecke des Badezimmers gestellt. Der Winkel in der Ecke wird zugemauert und als Ablage benutzt.

Mehrkosten gegenüber der normal aufgestellten Badewanne: gering. Einsparung gegenüber der Eckbadewanne aus der Zeitschrift: erheblich.

1.5 Kostenexplosion

„Vermeiden!"

Während der Bauzeit sinken die Chancen ständig, Kosten zu sparen. Wohingegen eine Kostenüberschreitung in jeder Bauphase problemlos herbeizuführen ist. Es genügt beispielsweise schon, wenn Sie Zimmertüren auswählen, die pro Stück nicht wie geplant 400 DM, sondern 2500 DM kosten. Oder Sie verwirklichen, statt eine preiswerte Standardküche auszuwählen, Ihren Küchentraum, der 30 000 DM kostet.

Deshalb – seien Sie während der gesamten Bauzeit diszipliniert. Kontrollieren Sie bei jeder Entscheidung, wieviel Geld für diesen Posten vorgesehen war. Wägen Sie bei allen ins Auge gefaßten teuren Extras Nutzen und Kosten ab. Muß es wirklich die teure Küche sein? Oder sollten Sie nicht doch lieber dem einfachen Modell den Vorzug geben und von den so eingesparten Zinsen Ihre Familie viele Male zum Essen einladen? (Bei einer Küche, die 30 000 DM kostet, müssen in 10 Jahren insgesamt ca. 20 000 DM allein für die Zinsen bezahlt werden!)

Extratip:
Neben dem Baujournal, welches Ihr Architekt führt, sollten Sie ein Kassenbuch führen, in das Sie täglich alle Ausgaben eintragen. Zusätzlich sollten Sie in wöchentlichen Abständen feststellen, wieviel Geld Ihnen noch zur Verfügung steht und wieviel Sie für die ausstehenden Arbeiten und Anschaffungen noch benötigen. Nur so können Sie nämlich rechtzeitig gegensteuern, wenn doch einmal mehr Geld ausgegeben wurde, als geplant war.

1.6 Geldrausch

„Jeder Rausch ist gefährlich – auch der Geldrausch!"

Irgendwann packt er jeden Bauherrn, der Geldrausch. Die Finanzierung ist perfekt – eine größere Summe Geld ist auf Ihrem Konto eingegangen, der erste Baustreß wurde bewältigt, und Sie fühlen sich sehr reich und gleichzeitig sehr arm. Auf der einen Seite sehen Sie einen riesigen Geldtopf, der niemals leer zu werden verspricht, auf der anderen Seite sehen Sie sich als engagierten, fleißigen Bauherrn, der sich ja sonst nichts gönnt. Und in diesem Moment schlagen Sie zu. Bei einem ist es eine Stereoanlage, die angeschafft werden muß (denn man wird ja in Zukunft mehr Zeit im eigenen Haus verbringen), ein anderer leistet sich ein neues Auto (man muß doch die Baustelle sicher erreichen). So verständlich dies ist – aber das böse Erwachen folgt mit Sicherheit, wenn sich die Bauzeit ihrem Ende zuneigt. Denn spätestens dann ist der Geldrausch vorbei, und Sie müssen überall sparen.

Deshalb: Machen Sie sich im Geldrausch nur kleine Geschenke, und heben Sie sich die größeren für später auf!

1.7 Kosten-Nutzen - ständig abwägen!

„Bauherren am Rande des Nervenzusammenbruchs"

Ein Bauvorhaben verlangt der Bauherrschaft ständig eine Vielzahl von Entscheidungen ab. Dies kann außerordentlich anstrengend und auch nervend sein. Mit der Folge, daß sie dem Kostenaspekt von Entscheidungen unter Umständen nicht mehr genügend Beachtung schenkt. „Es ist mir egal, ob ich jetzt vielleicht die teuren Fliesen wähle, ich will einfach nur noch meine Ruhe." „Machen Sie doch, was Sie wollen." Spätestens wenn dieser Satz gefallen ist, wird es teuer. Denn wer ein preiswertes Haus bauen will, muß diszipliniert sein und darf dieses Ziel nicht aus den Augen lassen. Besonders wenn es um die Entscheidung zwischen billigen und teuren Lösungen geht, müssen Sie sich immer wieder fragen:

? Was kostet mich die Entscheidung für die teure Lösung?

? Was bringt mir die Entscheidung für die teure Lösung?

? Kann ich mich ohne große Probleme erst einmal für die preiswerte Lösung entscheiden und die bessere oder schönere in ein paar Jahren verwirklichen?

Auch wenn es kaum zu glauben ist, diese einfache Empfehlung, Kosten und Nutzen bei allen Entscheidungen während der gesamten Bauzeit ständig abzuwägen, wird Ihnen helfen, sehr viel Geld zu sparen.

1.8 Gönnen Sie sich was

„Wer immer nein sagen soll, muß auch mal ja sagen“

Während der Planungszeit ist es eine Ihrer wichtigsten Aufgaben, „nein“ zu sagen: wenn die Kinder den teuersten Teppich wählen, der Ehepartner statt des Stellplatzes eine Garage haben möchte und Sie selbst von einem Kamin träumen. Konsequent durchgeführt, fragen sich alle Familienmitglieder dann irgendwann: „Wozu bauen wir eigentlich, wenn wir in dem Haus keinen unserer Träume verwirklicht sehen!“ Mit der Folge, daß die Moral und damit auch die Bereitschaft, preiswert zu bauen, sinkt.

Deshalb – beugen Sie vor und spielen Sie Zauberfee. Lassen Sie jedes Familienmitglied einen Hauptwunsch an das Haus formulieren, und bemühen Sie sich, diesen umzusetzen. Sie werden sehen, wie die Moral der „Truppe“ dadurch steigt. „Ehrlich? Die ganze Zeit heißt's sparen, und jetzt soll ich mir was gönnen? Klasse!“ (Sie werden trotzdem noch oft genug zu Wünschen der Familienmitglieder nein sagen müssen. Aber das haben Sie in der Zwischenzeit ja gelernt.)

1.9 Bauförderung durch die Bundesländer

„Lassen Sie sich doch was schenken“

Die Bundesländer unterstützen Bauherren durch die Gewährung zinsgünstiger Darlehen und/ oder durch Aufwendungs-Zuschüsse. Die Art der Förderung unterscheidet sich von Bundesland zu Bundesland. Wir können hier auf diese unterschiedlichen Förderwege nicht eingehen, sondern Ihnen nur allgemeine Empfehlungen geben.

Auf die zinsgünstigen Darlehen oder Aufwendungs-Zuschüsse, die von vielen Bundesländern vergeben werden, haben Sie keinen Rechtsanspruch. Dies bedeutet praktisch: Wer zuerst kommt, mahlt zuerst. Um zu den ersten zu gehören, sollten Sie, sobald Sie der Gedanke ans Bauen gepackt hat, nachfragen. Nachfragen bei den Landesministerien und Bauämtern, welche Fördermittel es gibt, wann und wie sie beantragt werden müssen und ob Sie zum geförderten Personenkreis gehören. Denn die jährlich zur Verfügung gestellten Mittel sind begrenzt, und wer seine Anträge zu spät stellt, „steht vor leeren Töpfen". Zudem wird bei der Mehrzahl der Förderungen vorgeschrieben, daß die Anträge vor Baubeginn gestellt und genehmigt werden müssen. Leider sind die meisten Förderwege und die dazugehörigen Anträge Musterbeispiele für bürokratische Hürdenläufe. Aber nur Mut: Mit der Hilfe Ihrer Berater (Steuerberater/Architekt) und der Sachbearbeiter auf den entsprechenden Ämtern werden Sie diese Klippe nehmen. Denn es lohnt sich. So wurde 1994 beispielsweise im Rahmen eines Sonderprogramms in Hessen jungen bauwilligen Familien ein Darlehen gewährt, dessen Zinsen um 2 % unter dem marktüblichen Zins lagen. Dies bedeutete bei einem Bauvorhaben mit einem Kreditvolumen von 350 000 DM eine jährliche Ersparnis von 7000 DM. Wir finden, daß sich bei derartigen Beträgen der Kampf mit den Formularen lohnt.

1.10 Versicherungen abschließen

„Gut versichert, schläft sich's ruhiger"

„Versicherungen kosten viel Geld, und wenn man sie braucht, zahlen sie sowieso nicht. Also eine gute Gelegenheit, zu sparen. Ich werde meinen Hausbau nicht versichern!" sagen Sie. Leider falsch gedacht, denn dieser Sparversuch kann Sie teuer zu stehen kommen. Grundrisiken am Bau sollten Sie in jedem Fall versichern, erreichen die Schadenssummen doch selbst bei kleinen Bauvorhaben schnell schwindelerregende Höhen.

Folgende Versicherungen sollten Sie abschließen:

- Bauherren-Haftpflichtversicherung
- Gebäudeversicherung
- Bauwesenversicherung (an den Kosten für die Bauwesenversicherung werden die Handwerker in der Regel beteiligt).

Nicht vergessen sollten Sie außerdem die Versicherung von freiwilligen Helfern am Bau, die preiswert von den Berufsgenossenschaften angeboten wird.

Extratip:
Auch die Befolgung dieses Hinweises kostet Sie zunächst Geld, aber im Schadensfall zahlt er sich aus: Schließen Sie alle Versicherungen möglichst bei *einem* Versicherungsunternehmen ab. Selbst wenn es ein paar hundert Mark mehr kostet. Sie vermeiden so, daß im Schadensfall Verantwortlichkeiten zwischen Versicherungsunternehmen hin und her geschoben werden, während Sie auf Ihr Geld warten.

1.11 Ausrüstung für den Bauherrn

„Wer Geld sparen will, muß Geld ausgeben können."

Noch einmal fordern wir Sie auf, Geld auszugeben, um zu sparen. Als „Survivalpaket" für den Bauherrn sollten Sie sich zulegen:

- mehrere Zollstöcke,
- Bandmaß,
- 5m lange Meßlatte mit gut sichtbarer Unterteilung,
- einen Taschenrechner,
- Maximum/Minimum-Thermometer,
- einen Notizblock (oder ein Diktiergerät),
- ein Bautagebuch,
- einen Fotoapparat mit integriertem Blitzlicht und Datumsanzeige,
- Anrufbeantworter und Telefax,
- und nicht zuletzt folgende Bücher:

Honorarordnung für Architekten (HOAI), Landesbauordnung und die gerade aktuellste Version der *Verdingungsordnung für Bauleistungen, VOB*. Die VOB bildet meist die Vertragsgrundlage zwischen Bauherrn und Handwerkern. In ihr werden die Interessen der Vertragspartner ausgewogen geregelt.

„Und mit diesen Anschaffungen läßt sich Geld sparen?" Sehr viel sogar, denn wir erinnern Sie daran: Sie sind die einzige Person am Bau, die unmittelbar daran interessiert ist, daß ein preiswertes Haus errichtet wird! Deshalb sollten Sie alles notieren, kontrollieren und fotografieren, was Ihnen auf der Baustelle vor die Augen kommt. Nachfolgend einige Beispiele, wofür Sie das „Survivalpaket" brauchen.

Kontrollieren
Beim sogenannten „Aufmaß" stellt der Fliesenleger fest, daß er 39 qm Fliesen verlegt hat. Dafür berechnet er 3900 DM. Ihr Bauleiter kontrolliert nachlässig und akzeptiert diese Summe. Sie aber nehmen's etwas genauer und messen vor Ort die Fläche nach. Dabei stellt sich heraus, daß nur 35 qm Fliesen verlegt wurden. Statt 3900 überweisen Sie nur 3500 DM.

Fotografieren
Bei Ihren täglichen Besuchen auf der Baustelle sollten Sie jedesmal alles fotografieren, was Ihnen vor die Linse kommt. Wobei es sehr wichtig ist, daß Sie später wissen, wann Sie ein Bild aufgenommen haben. Besonders komfortabel ist das zu erreichen, wenn die Kamera automatisch dafür sorgt, daß auf jedem Bild das Aufnahmedatum zu sehen ist. Aber es geht auch einfacher: So können Sie das Aufnahmedatum handschriftlich auf den Abzügen vermerken oder das Entwicklungsdatum Ihres Films vom Fotolabor auf der Rückseite der Abzüge aufgedrucken lassen.Wichtig ist, daß Sie die Bilder auch noch nach einem Jahr den Ereignissen auf der Baustelle zuordnen können, was Sie am einfachsten erreichen, indem Sie die Bilder in Ihr Bautagebuch einkleben. An den zu fotografierenden Gegenstand sollten Sie zudem eine Meßlatte halten, wenn Sie beispielsweise dokumentieren wollen, daß eine Mauer statt der vereinbarten 3 m

nur 2,90 m hoch ist. „Aber diese Fotografiererei kostet doch wieder viel Geld, und außerdem weiß ich nicht, wofür das gut sein soll." Das läßt sich leicht aufzeigen. Dazu ein Beispiel: Kurze Zeit nach dem Einzug in Ihr Haus ist der Abwasserkanal verstopft. Er muß freigegraben werden, um die Ursache der Verstopfung zu finden. Sie ziehen Ihre Fotos zu Rate und sehen sofort ganz genau, wo der Kanal verläuft, so daß teure Suchgrabungen unnötig werden. Doch es geht noch weiter: Bei der Öffnung des Kanals stellt sich heraus, daß Bauschutt in den Kanal gelangt ist und ihn verstopft hat. Jeder der am Bau Beteiligten behauptet nun, daß während seiner Tätigkeit am Bau die Rohre mit einem Blindverschluß gesichert bzw. ordnungsgemäß angeschlossen waren. Und wieder ziehen Sie Ihre Fotos zu Rate und sehen, daß während der Außenputzarbeiten die Kanalrohre nicht verschlossen waren und daher Bauschutt hinein gelangen konnte. Die Wahrscheinlichkeit, daß Sie den Verputzer für den Schaden (ohne langwierigen Prozeß) zur Rechenschaft ziehen können, ist dank der fotografischen Dokumentation hoch.

Bautagebuch

Führen Sie ein Bautagebuch. In diesem sollten Sie festhalten: Datum, Tageszeit Ihres Besuches auf der Baustelle, Wetter, Temperatur (insbesondere Frost, dafür benötigen Sie das Maximum/Minimum-Thermometer), Stand der Arbeiten, anwesende Personen. Dazu sollten Sie Aktennotizen über außergewöhnliche Ereignisse, Absprachen oder Übereinkünfte machen. Sowohl das Bautagebuch als auch die Aktennotizen dienen dazu, Ihre Argumentationsbasis gegenüber den am Bau beteiligten Personen zu stärken.

Beispiel: Schon wenige Wochen nach Ihrem Einzug in das neue Haus lockern sich die Fliesen auf der Terrasse. Der beauftragte Handwerker führt dies auf eine unangemessen starke Belastung der Fliesen zurück. Sie aber zücken Ihr Bautagebuch und können ihm nachweisen, daß er die Fliesen bei Außentemperaturen von minus 1° Celsius verlegt hat, was nicht sachgerecht ist. Der Handwerker beseitigt den Schaden kostenlos. Gespart haben Sie – neben den Kosten für eine gerichtliche Auseinandersetzung – jede Menge Nerven.

Extratip 1:
Vermeiden Sie gerichtliche Auseinandersetzungen, die Bauschäden betreffen. Denn es kommt doch meist zu einem Vergleich zwischen den Parteien (selbst wenn ein Gutachter eingeschaltet wird, der den klagenden Bauherrn in seiner Meinung bestärkt). Eine außergerichtliche Einigung ist für beide Seiten in fast jedem Fall günstiger. Erfahrene Handwerker wissen um diese Tatsache und sind meist darum bemüht, sich gütlich zu einigen, besonders, wenn Sie Ihre Position als Bauherr durch eine hervorragende Dokumentation (siehe oben) gestärkt haben. Mehr zu diesem Thema finden Sie im Kapitel „Partner am Bau" unter der Überschrift „Rechtsanwalt".

Extratip 2:
Im Zweifelsfalle zählen mündliche Vereinbarungen nicht!
Halten Sie deshalb alles schriftlich fest, und lassen Sie es sich von Ihrem Verhandlungspartner gegenzeichnen. Oder schreiben Sie Protokolle und schicken diese an die jeweiligen Gesprächsteilnehmer.

Persönliche Erreichbarkeit
So unglaublich es klingt: Sie können sehr viel Geld einfach dadurch sparen bzw. Mehrkosten vermeiden, daß Sie erreichbar sind. Denn am Bau kostet jeder Tag viel Geld, Ihr Geld. Täglich müssen möglichst schnell Entscheidungen getroffen werden, zu denen der Bauleiter oder die Handwerker manchmal Ihr Einverständnis einholen müssen. Deshalb sollten Sie versuchen, jederzeit erreichbar zu sein. Händigen Sie dazu allen am Bau Beteiligten ein Telefonverzeichnis mit Ihren Privat- und Geschäftsanschlüssen aus.

1.12 Wettbewerb fördern

„Konkurrenz tut not!"

Bevor Ihr Architekt damit beginnt, die Leistungsverzeichnisse an verschiedene Handwerker zu verschicken, müssen Sie sich einmischen. So sollten Sie gegebenenfalls darauf bestehen, daß Ihr Architekt mindestens fünf bis sechs Handwerker auffordert, ein Angebot abzugeben, auch wenn es für ihn bequemer ist, nur drei ihm vertraute Handwerker darum zu bitten. Es lohnt sich in jedem Fall, denn die Preisunterschiede zwischen den einzelnen Anbietern sind oft enorm. Auch eine öffentliche Ausschreibung der zu vergebenden Arbeiten können Sie in Erwägung ziehen. Denn Sie wollen preiswerte, gute und engagierte Handwerker – wie Sie die finden, ist unwichtig. Wie lohnend eine sorgfältig und breit gestreute Ausschreibung sein kann, zeigt Ihnen ein Beispiel:

Bei einer Ausschreibung im Jahre 1992 (allerdings für ein Mehrfamilienhaus) wurden 6 Fensterbauer aufgefordert, ein Angebot für den Einbau von Fenstern abzugeben. Während der billigste Anbieter dafür 55 000 DM verlangte, wollte der teuerste Anbieter 100 000 DM. Die drei vom Architekten vorgeschlagenen örtlichen Handwerker lagen mit ihrem Angebot alle bei 73 000 DM.

Erklären lassen sich diese enormen Unterschiede nicht allein mit Qualitätsunterschieden. Vielmehr ist es so, daß am Bau das Verhältnis von Angebot und Nachfrage einen ganz enormen Einfluß auf den Preis hat. Sie werden staunen, wie schnell Sie „Geld verdienen" können, wenn Sie dies für sich ausnutzen (siehe Stichwort „Vergabeverhandlung").

Extratip: Lassen Sie sich unbedingt ein Exemplar des Leistungsverzeichnisses aushändigen. Bei Rechtsstreitigkeiten kann es von großer Bedeutung sein.

1.13 Transport

„Spielen Sie Kurier!“

Auch wenn es unglaublich klingt: Sie können viel Zeit und damit Geld sparen (bzw. Mehrkosten vermeiden), wenn Sie bereit sind, den „Kurier“ zu spielen. Sie können damit schon beim Bauantrag anfangen, denn Bauakten müssen von mehreren Institutionen und Personen bearbeitet werden. Bis eine Akte den Weg von einem Amt zum anderen findet, dauert es oft lange. Geben Sie Ihrem Architekten und dem für Sie zuständigen Sachbearbeiter im Bauamt zu verstehen, daß Sie gerne bereit sind, diesen Transport zu übernehmen.

Auch auf der Baustelle selbst können Transportleistungen durch Sie manchmal sinnvoll übernommen werden. Wenn beispielweise der Chef eines Handwerksbetriebes nicht anwesend ist, neigen die Mitarbeiter gelegentlich dazu, Arbeiten wegen angeblich oder wirklich fehlender Materialien oder Werkzeuge einzustellen, wodurch es zu zeitlichen Verzögerungen und damit zu Mehrkosten kommen kann. Diese können Sie vermeiden, indem Sie sich bereit erklären, fehlende Materialien oder Werkzeuge umgehend herbeizuschaffen.

1.14 Kooperation

„Allzeit bereit!“

Auch wenn die Profis vom Bau es nicht gerne hören: Oftmals läßt die Kooperation auf der Baustelle zu wünschen übrig, wodurch viel wertvolle Zeit verlorengeht. Wir wollen Ihnen jetzt nicht empfehlen, den Bauleiter zu ersetzen oder – fast noch schlimmer – ihm ins Handwerk zu pfuschen. Aber da jede Verzögerung am Bau Ihr Geld kostet, sollten Sie Ihrem Bauleiter klar machen, daß Sie immer zur Stelle sind, wenn Sie gebraucht werden.

Auch wenn Sie dadurch gelegentlich Aufgaben übernehmen werden, von denen Sie denken, daß für deren Ausführung eigentlich der Bauleiter bezahlt wird: Während Ihre Baustelle für Sie die einzige auf der Welt zu sein scheint, muß Ihr Bauleiter mehrere Baustellen gleichzeitig betreuen. Sie sollten deshalb im eigenen Interesse mit Ihrer Zeit und Kooperationsbereitschaft „verschwenderisch" umgehen. Aber Vorsicht: Lassen Sie sich von den Handwerkern nicht gegen den Bauleiter ausspielen. Diese Gefahr besteht gelegentlich, wenn Sie häufiger auf der Baustelle anzutreffen sind als der Bauleiter. Aber er ist letzlich der Chef und gibt dort die Anweisungen – nicht Sie. Diese Eindeutigkeit der Aufgabenzuteilung ist auf dem Bau unbedingt nötig!

Extratip:
Erstellen Sie eine Telefonliste, in der Sie die Telefon- und Telefaxnummern von allen am Bau beteiligten Personen erfassen, und händigen Sie jedem ein Exemplar davon aus. Mitentscheidend für das Gelingen eines Bauvorhabens ist immer eine gute Zusammenarbeit.

Und last but not least dürfen Sie eine der wichtigsten Aufgaben des Bauherrn nicht vergessen: nämlich Entscheidungen rechtzeitig, klar, eindeutig und möglichst endgültig zu fällen, egal ob es dabei um die Auswahl von Fliesen, Armaturen oder Dachpfannen geht. Denn kein Fliesenleger kann seinen Zeitplan einhalten, wenn er mit dem Verlegen anfangen möchte, aber die Fliesen noch nicht geliefert wurden. Beachten Sie dabei, daß die Lieferzeiten für einige Baumaterialien bis acht Wochen betragen können. Ihre Chancen, preiswerte Wunschmaterialien verarbeiten lassen zu können, sind um so größer, je früher Sie Ihre Auswahl treffen.

2 Für besonders ambitionierte Bauherren

2.0 Das Problem

„Machen Sie sich auf was gefaßt!“

Die nachfolgend aufgeführten Empfehlungen können Ihnen eine Menge Ärger einbringen. Deshalb sollten Sie als Bauherr besonders diplomatisch, kompetent und hart im Nehmen sein sowie über mehr Zeit als der Durchschnittsbauherr verfügen, wenn Sie diesen Empfehlungen folgen. Denn Sie werden mit Ihrem „Engagement“ zwischen eingefahrene Beziehungen funken, die für die Beteiligten gelegentlich sehr lukrativ sind. Aber wir waren uns ja einig: Sie wollen ein preiswertes Haus errichten und kein Mensch ist daran so interessiert wie Sie.

Einige der „Entdeckungen“, die Sie dabei möglicherweise machen, werden Sie zunächst in Wut bringen: „Behörden, Architekten, Handwerker – das sind doch alles Betrüger!“ hören wir Sie rufen. Das trifft sicher gelegentlich zu, aber Sie sollten bei aller verständlichen Wut Ihr Ziel nicht aus dem Auge verlieren: Sie wollen ein preiswertes Haus errichten, und dabei können Sie es sich nur in Ausnahmefällen erlauben, die Pferde (sprich Lieferanten) zu wechseln. (Denn jeder Pferdewechsel geht ins Geld, die neuen Pferde sind oft auch nicht besser, und die zuständige Behörde können Sie ohnehin nicht wechseln.)

An dieser Stelle sei bemerkt, daß die Vorstellung von dem, was gewöhnlich Betrug genannt wird, bei vielen am Bau beteiligten Personen oft ein bißchen verschoben ist. Eine gewisse schlitzohrige Sportlichkeit steckt oft dahinter, wenn es darum geht, unerfahrene Bauherren oder Kollegen auszutricksen. Diese schlitzohrige

Sportlichkeit gehört für viele der am Bau beteiligten Personen (auch den seriösen, denn wir reden hier nicht von handfestem Betrug) fast ein bißchen dazu. Wir sind uns sicher, daß Sie als besonders ambitionierter Bauherr daran nach ein paar Jahren belustigt und fast wehmütig zurückdenken werden. Aber jetzt darf diese Schlitzohrigkeit keinesfalls Ihr Geld kosten.

2.1 Auflagenkontrolle

„Für ein 7 Meter hohes Haus braucht man keine 10 Meter hohe Feuerleiter"

Jede Baubehörde macht ihren Bauherren Auflagen, die u.a. den Brandschutz und die Schaffung von Stellplätzen betreffen. Die meist sinnvollen, aber auch kostentreibenden behördlichen Auflagen sind für Einfamilienhäuser andere als für Mehrfamilienhäuser. Sie unterscheiden sich zudem von Bundesland zu Bundesland. Der zuständige Sachbearbeiter im Bauamt trägt die Auflagen mit einem grünen Stempel in Ihre Baugenehmigung ein, und der Architekt überprüft sie und deren Umsetzung. Sie werden nun vielleicht denken, durch diese doppelte Kontrolle sei ja alles bestens geregelt. Leider trifft dies nicht immer zu. Die Kenntnis der Paragraphen in der Bauordnung, in denen die Auflagen beschrieben und festgelegt werden, ist nicht bei allen Sachbearbeitern gleich gut. Zudem ist es das Hauptinteresse der Bauämter, keinen Fehler in der Baugenehmigung zu machen, der Menschenleben gefährden könnte oder durch den vorgeschriebene Normen unterschritten werden könnten. Daraus resultiert zwangsläufig die Tendenz, in Zweifelsfällen lieber die Einhaltung von härteren Auflagen mit höheren Normen zu fordern.

Es liegt natürlich auch in Ihrem Interesse, daß durch Ihr Haus keine Menschenleben gefährdet werden. Aber Sie wollen auch ein preiswertes Haus bauen, weshalb Sie sich keine unnötigen und überzogenen Auflagen leisten können.

Beispiel: Beim Bau eines Mehrfamilienhauses in Hessen wurden 1992 vom Bauamt zwischen dem ersten und zweiten sowie zwischen dem zweiten und dritten Stock F90-Decken zur Auflage gemacht. F90 bedeutet, daß diese Decken einem Feuer 90 Minuten widerstehen. Der Bauherr hatte in der Bauordnung jedoch gelesen, daß hier nur F30-Decken (die einem Feuer nur 30 Minuten widerstehen, aber wesentlich billiger sind) vorgeschrieben werden. Bei einer Rücksprache mit dem zuständigen Brandinspektor wurde dieser Widerspruch bestätigt. Der Brandinspektor fragte daraufhin bei dem Sachbearbeiter des Bauamtes nach, warum er die höhere Norm angesetzt habe. Dieser antwortete, daß in Nordrhein-Westfalen in solchen Gebäuden F 90-Decken Vorschrift seien. Er wäre sicher, daß diese Norm bald von Hessen übernommen würde. Durch Zusprache des Brandinspektors konnte der Sachbearbeiter dazu bewogen werden, die überzogene Auflage zurückzunehmen. Bei einer Deckenfläche von 320 qm konnten durch die Intervention des Bauherrn 4800 DM eingespart werden.

Nun aber zur praktischen Durchführung der Auflagenkontrolle: Machen Sie sich von dem Exemplar der Baugenehmigung, welches Ihr Architekt von der Baubehörde erhält, eine Farbkopie. Darauf werden Sie die grünen Einträge erkennen, mit denen Auflagen gekennzeichnet werden. Nehmen Sie nun die aktuelle Bauordnung Ihres Bundeslandes zur Hand, und vergleichen Sie die in Ihrem Bauantrag eingetragenen Auflagen mit den in der Bauordnung geforderten. Sehr hilfreich ist es, wenn Ihnen dabei ein baukundiger Freund oder besser noch Ihr Architekt zur Seite steht. Denn Sie werden anfangs über viele Fachbegriffe stolpern. Sobald Sie glauben, einen Widerspruch zwischen den Auflagen in Ihrem Bauantrag und den in der Bauordnung vorgeschriebenen entdeckt zu haben, sollten Sie mit Ihrem Architekten sprechen. Wenn er zu dem Schluß kommt, daß Sie recht haben, ist es ratsam, ihm die Klärung der Angelegenheit zu überlassen. Denn es sind nicht alle Brandschutzinspektoren so kooperativ wie in unserem Beispiel.

2.2 Preisspiegelkontrolle

„Trauen Sie sich!“

Nachdem die Handwerker die Angebote abgegeben haben, erstellt der Architekt einen Preisspiegel. Darin werden in übersichtlicher Form die einzelnen Angebote einander so gegenübergestellt, daß sie problemlos zu vergleichen sind. Diesen Preisspiegel sollten Sie sich unbedingt von Ihrem Architekten aushändigen lassen und einer genauen Prüfung unterziehen. Denn nur der Laie glaubt, daß schon allein durch die Übersichtlichkeit des Preisspiegels Manipulationen bei der Auftragsvergabe verhindert würden.

Praktisches Vorgehen bei der Kontrolle des Preisspiegels:
Unterziehen Sie alle in der Übersicht genannten Preise einer Plausibilitätskontrolle! Rufen beispielsweise fünf von sechs Handwerkern für das Verlegen von einem Quadratmeter Fliesen einen sogenannten Einheitspreis auf, der zwischen 50 DM und 70 DM liegt, dann ist das sechste Angebot mit einem Einheitspreis von 30 DM entweder nicht seriös, oder der Preis ist versehentlich zu niedrig angesetzt worden.

Gelegentlich soll es vorkommen, daß Architekten unbedingt mit einem ganz bestimmten von den anbietenden Handwerkern arbeiten wollen. Sie, als preisbewußter Bauherr, möchten dagegen, daß der billigste seriöse Handwerker den Auftrag bekommt. Nun gibt es für den Architekten mehrere Möglichkeiten, einen Handwerker zum scheinbar billigsten Anbieter zu machen. Besonders beliebt ist dabei die Methode, das Leistungsverzeichnis still und heimlich aufzublähen und Leistungen hineinzunehmen, die nicht ausgeführt werden (ein Vorgehen, das illegal und verboten ist). Der Wunschhandwerker des Architekten wird dann auf wundersame Art und Weise genau diese Leistungen extrem günstig anbieten, wodurch sein Gesamtangebot natürlich zum billigsten wird. Es wird auch berichtet, daß Wunschhandwerker Angebote oftmals als letzte von allen Anbietern abgeben, vielleicht sogar, nachdem die Angebotsfrist abgelaufen ist. Wie durch ein Wunder ist dann genau dieses letzte Angebot das billigste und erhält den Zuschlag.

Deshalb unsere dringende Empfehlung:
Erstellen Sie zusammen mit Ihrem Architekten einen bereinigten Preisspiegel. In diesem dürfen nur die Leistungen enthalten sein, die der Anbieter auch tatsächlich erbringen soll. Die drei Handwerker, die dann das billigste Gesamtangebot machen, beziehen Sie in die Vergabeverhandlungen mit ein.

2.3 Vergabeverhandlungen selbst führen

„Trauen Sie sich noch mal! Es lohnt sich!"

Nachdem Sie zusammen mit Ihrem Architekten die drei preiswertesten Anbieter herausgefunden haben, geht es an die Auftragsvergabe. Auch hier sollten Sie sich einmischen und bei den Verhandlungen zumindest anwesend sein.

Bei diesen Vergabeverhandlungen geht es jetzt nicht nur darum, welcher Anbieter absolut am billigsten ist, sondern die Terminfrage und die Frage der Seriosität der Handwerker sollten eine ebenso große Rolle spielen. Der billigste Anbieter kann Sie teuer zu stehen kommen, wenn Sie ihn in der 40. Kalenderwoche brauchen, er aber erst in der 46. Woche Zeit hat. Die Frage der Seriosität können Sie prüfen, indem Sie die Handwerker um Referenzen bitten.

Bei diesen Vergaben sind Nachverhandlungen zwar nicht zulässig, aber aus Ihrer Frage an den Handwerker, ob in seinem Angebot nicht doch noch ein gewisser Spielraum besteht, wird Ihnen niemand einen Strick drehen. Denn wir erinnern Sie daran: Am Bau wird der Preis sehr stark und direkt von dem Verhältnis zwischen Angebot und Nachfrage bestimmt. Ein Handwerker mit einer schlechten Auftragslage wird Sie wahrscheinlich von sich aus darauf hinweisen, daß er Ihnen vom Preis noch ein bißchen entgegenkommen könnte. Sie werden sich bei Ihren ersten Vergabeverhandlungen wie in einer Spielbank fühlen, so schnell lassen sich dabei durch geschicktes Taktieren erhebliche Summen einsparen (siehe dazu auch „Extratip 1“ auf dieser Seite).

In jedem Fall sollten Sie ein Skonto von 2 bis 3 % aushandeln, denn noch viel mehr als andere Menschen hassen es Handwerker, auf ihr Geld zu warten. Und bei reinen Baukosten von etwa 200 000 DM können Sie auf diesem Weg ca. 4000 DM sparen. Zudem haben Sie mit dem sofortigen Begleichen einer Rechnung die Möglichkeit, zuverlässige Arbeit anzuerkennen und zu honorieren. Auch durch den vertraglich vereinbarten Verzicht auf das sogenannte Aufmaß können Sie 1 bis 2 % der Bausumme sparen. Ob dies für Sie sinnvoll ist, hängt in erster Linie davon ab, wie genau die Ausschreibung Ihres Architekten ausgeführt wurde.

Extratip 1:
Wenn Sie wollen, daß Handwerker gute Leistungen preiswert erbringen, verhandeln Sie hart, aber fair. Auch Ihr Handwerker will und soll an Ihrem Auftrag Geld verdienen. Ein bis zum letzten Pfennig heruntergehandeltes Angebot wirkt auf den Anbieter nicht gerade als Motivationsschub für termingerechte und gute Arbeit.

Extratip 2:
Nach der Auftragsvergabe sollten Sie keine Änderungen an dem Leistungsverzeichnis mehr vornehmen. Denn dafür verlangen die Handwerker oft unverhältnismäßig viel Geld. Besonders teuer wird es, wenn Ihnen bereits ordnungsgemäß ausgeführte Leistungen einfach nicht mehr gefallen. Möchten Sie im dunkelbraun gefliesten Bad beispielsweise auf einmal weiße Fliesen haben, müssen die braunen Fliesen abgeschlagen werden, die Wand muß wieder egalisiert und die weißen Fliesen verlegt werden. Das alles kostet verflixt viel Geld!

Extratip 3:
Bevor Sie den ersten Auftrag vergeben, sollten möglichst alle Leistungen für den Roh- und Ausbau ausgeschrieben (wenn auch

nur auf Basis der Entwurfspläne) und die Angebote eingegangen sein. Denn nur dann können Sie einer Überziehung Ihres Budgets wirkungsvoll entgegenwirken. Wenn Sie beispielsweise insgesamt nicht mehr als 200 000 DM zur Verfügung haben, aber nach Angebotslage die Kosten bei 220 000 DM liegen, heißt es energische Sparmaßnahmen einzuleiten. Dies ist zu diesem Zeitpunkt problemlos möglich. Wurden aber bereits 170 000 DM verbaut, bleiben Ihnen gerade einmal 30 000 DM Manövriermasse, um 20 000 DM zu sparen. Daß dies nicht funktionieren kann, sehen Sie sicher auf den ersten Blick.

2.4 Vertragsgestaltung

„VOB-Standard ist Trumpf"

Als Vertragsgrundlage zwischen Bauherrn und Handwerkern dient meist die Verdingungsordnung für Bauleistungen (VOB). In ihr werden die Interessen beider Vertragspartner ausgewogen geregelt. Die VOB ist sehr umfangreich. Zur Vertragsgestaltung reichen Kurzversionen aus, in denen auf die jeweils aktuell gültige Vollversion verwiesen wird. In der Frage der Gewährleistungsdauer empfehlen wir Ihnen allerdings, von der VOB abzuweichen, denn hier sieht die VOB nur 2 Jahre Gewährleistung vor. Da Bauschäden oftmals aber erst später sichtbar werden, raten wir Ihnen, auf einer Gewährleistungsdauer von 5 Jahren nach BGB zu bestehen. Seriöse Handwerker werden dagegen nichts einzuwenden haben. Hier nun geldwerte Tips zu einigen Punkten der VOB-Verträge:

Bankbürgschaft
Als Auftraggeber dürfen Sie 5 % der Bruttoschlußrechnungssumme (!) für die vertragsgemäße Erfüllung der Gewährleistung auf die Dauer von zwei Jahren einbehalten. Der Auftragnehmer kann dies umgehen, indem er Ihnen eine Bankbürgschaft über die Restsumme aushändigt. Aber Vorsicht! Bevor Sie eine solche Bürgschaft akzeptieren, lassen Sie den Text der banküblichen Vordrucke von einem

Rechtskundigen kontrollieren. Weicht doch der Text dieser Vordrucke oft in wesentlichen Punkten von den Formulierungen im VOB-Bauvertrag ab. Dies kann für Sie unter Umständen erhebliche finanzielle Bedeutung erlangen.

Beispiel: Ein Rohbauer hatte gepfuscht. Ein halbes Jahr nach Bezugsfertigkeit des Hauses zeigten sich Risse im Mauerwerk. Einer Aufforderung zur Schadensbeseitigung konnte er nicht mehr nachkommen, da seine Firma in der Zwischenzeit Konkurs anmelden mußte. Der Bauherr dachte sich, daß dies zwar bedauerlich für den Rohbauer sei, für ihn selbst aber keine wirtschaftlichen Folgen haben werde, denn – er hatte ja die Bankbürgschaft in der Hand. Weit gefehlt. In dieser Bankbürgschaft fehlte nämlich der Satz, daß die Bank diese Bürgschaft auf erste schriftliche Anforderung zu zahlen hat. Konsequenz: Die Bank argumentierte, daß sie vor einer Auszahlung die Zustimmung des Rohbauers einholen müsse. Mit anderen Worten: Die Bank fragte den Rohbauer: „Haben Sie den Schaden zu verantworten?" Wie nicht anders zu erwarten, antwortete dieser mit nein, woraufhin die Bank die Zahlung verweigerte. Nun stand der Bauherr vor einem Problem. Natürlich hätte er die Bank verklagen können. Dies war jedoch nach Auskunft seines Anwalts aussichtslos, weshalb er die Beseitigung des Schadens aus eigener Tasche bezahlte.

Unser Rat für Sie: Bevor Sie eine Bürgschaft akzeptieren, lassen Sie diese unbedingt durch einen Rechtskundigen prüfen. Noch einfacher ist es für Sie, wenn im Vertrag die Möglichkeit der Ablösung Ihres 5 %-Einbehaltes der Bruttosumme durch eine Bankbürgschaft ausgeschlossen wird.

Nebenkosten

Die VOB sieht vor, daß die Handwerker sich mit einem gewissen Prozentsatz (ca. 1 bis 2 %) der Schlußrechnungssumme an den Aufwendungen für Bauwesenversicherung, Baustrom, Bauwasser und an sonstigen Gemeinschaftskosten einschließlich der der Baureinigung beteiligen. Achten Sie auf entsprechende Klauseln im Vertrag, sonst müssen Sie all diese Kosten allein tragen.

3 Die Finanzierung

3.1 Eigenkapital

„Ohne geht es nicht!"

Sie wollen bauen und das kostet Geld. Viel Geld – ob Sie preiswert bauen oder nicht. Kaum ein Bauherr hat die gesamte Bausumme „einfach so zu Hause herumliegen"; die Mehrzahl muß sich mehr oder weniger viel Geld leihen. Und damit sind wir wieder beim Thema unseres Buches, dem preiswerten Bauen. Denn auch eine Finanzierung kann teuer oder billig sein. Damit Ihre Sie nicht teuer zu stehen kommt, gilt es einige Punkte zu beachten. Zunächst einmal grundsätzlich: Ohne Eigenkapital sollten Sie Ihr Vorhaben nicht starten. Welcher Eigenkapitalanteil sinnvoll ist, fragen Sie? Leider läßt sich das pauschal nicht sagen. Denn neben dem Eigenkapital spielen dabei andere Faktoren eine Rolle, wie übrigens auch für die Bank bei der Beleihungsprüfung. Um Ihnen aber dennoch einen Anhaltspunkt zu geben: Nur beim Vorliegen sehr günstiger Umstände (s. u.) empfiehlt es sich, mit weniger als 30 % Eigenkapital zu bauen. Denn durch diese Eigenkapital sinkt nicht nur die monatliche Belastung, sondern sie können so Ihr Haus mit größerer Wahrscheinlichkeit auch in Zeiten von Krankheit, Arbeitslosigkeit und steigenden Zinsen halten. Sie können eventuell mit weniger Eigenkapital bauen, oder Steuervorteile und Zuschüsse des Staates stärker in das Finanzierungkonzept einbinden (s. u.), wenn

- Sie sehr gut verdienen,
- Sie Doppelverdiener sind,
- Ihr Lebensstil nicht aufwendig ist,
- Sie Freunde haben, die für Sie bürgen,
- Sie Anspruch auf ein extrem günstiges Darlehen mit einer langen Laufzeit haben,
- Ihre Lebenshaltungskosten in den nächsten 5 Jahren voraussichtlich gleich bleiben (Kinderwunsch?),
- Ihr Einkommen in den nächsten 5 Jahren voraussichtlich steigen wird.

3.2 Der Aufbau der Finanzierung

„Sorgfältig und selbstkritisch"

Erfahrene Baufinanziers wissen es, und wir wollen Sie darauf hinweisen: Rechnen läßt sich alles. Was dieser Satz bedeutet? Sie müssen sich dazu nur einmal die Ratgeber im Fernsehen anschauen, in denen verzweifelte Bauherren vorgestellt werden, deren Haus zwangsversteigert wird, weil sie viel zu teuer gebaut haben, nachdem ihnen ein Berater vorgerechnet hat, daß sie sich dies leisten können. Deshalb sollten Sie Ihre Finanzierung immer wieder durchrechnen und auch sich selbst gegenüber immer sehr skeptisch bleiben. Unseriöse Berater wissen nämlich sehr genau um die Träume und Sehnsüchte von Bauherren und haben nicht zuletzt deshalb ein leichtes Spiel, weil sie Ihnen vorgaukeln: Mit mir können Sie alle Träume verwirklichen – sofort und grenzenlos. Auch wenn es schwerfällt – Ihr Vertrauen sollten Sie *dem* Berater schenken, der Ihnen ganz klar die Grenzen Ihrer Finanzierungsmöglichkeiten aufzeigt. Gerade wenn Sie preiswert bauen wollen, kann es sinnvoll sein, Geld in die Beratung durch einen unabhängigen Experten zu investieren. Denn Sie können alle Tips dieses Buches beherzigen und durch prinzipielle Fehler bei der Finanzierung trotzdem ein zu teures Haus bauen. Preiswertes Bauen fängt mit dem Aufbau einer vernünftigen, seriösen Finanzierung an, die ganz individuell auf Sie, Ihre Lebensumstände und finanziellen Möglichkeiten abgestimmt sein muß.

Beim Aufbau der Finanzierung empfiehlt es sich, nach folgendem Schema vorzugehen.

- Stellen Sie fest, über wieviel Eigenkapital Sie verfügen.

Zum Eigenkapital zählt: Bargeld, Bankguthaben, staatliche Zuschüsse (s. u.), Anleihen, Sparbriefe, Aktien, Investmentfonds und Bausparverträge (hier interessiert besonders das Guthaben). Falls Ihnen das Grundstück schon gehört und bezahlt ist, gehört es ebenfalls in diese Aufstellung. Getrennt aufzuführen sind Kapitallebensversicherungen mit dem aktuellen Rückkaufwert und bestehende

Risikolebensversicherungen. Zuschüsse der Länder, auf die Sie keinen Rechtsanspruch haben, sollten Sie nicht zum Eigenkapital zählen.

• Machen Sie eine Aufstellung über preisgünstige Darlehen, die Sie bekommen können. Dazu gehören Bauspardarlehen aus zuteilungsreifen Verträgen, Darlehen von Verwandten, Arbeitgebern und eventuell von Ihrer Lebensversicherung.

• Stellen Sie fest, wie hoch Ihre monatliche Belastung für Zins und Tilgung sein darf. Am einfachsten finden Sie dies heraus, wenn Sie zu der monatlichen Kaltmiete, die Sie zur Zeit zahlen, die Summe addieren, die Sie jeden Monat sparen.

• Auch wenn es schwerfällt: Steuervorteile, wie Sie vom Staat beispielsweise für vermietete Einliegerwohnungen gewährt werden, sollten Sie bei dem Aufbau Ihrer Finanzierung erst einmal außer acht lassen. Denn Steuervorteile sollen Ihr Sicherheitsfaktor für Zeiten steigender Baukosten und Zinsen sein. Und wir möchten, daß die monatliche Belastung auch dann noch für Sie tragbar ist, wenn Sie keine Zuschüsse mehr bekommen, bzw. der Steuervorteil wegfällt oder „ins Leere greift". Denn es mag noch so trivial klingen – damit ein Steuervorteil wirken kann, muß zunächst ein recht hohes Einkommen zur Verfügung stehen. Fällt dieses weg, beispielsweise durch Krankheit oder Arbeitslosigkeit, nutzt auch der größte vom Gesetzgeber vorgesehene Steuervorteil dem Bauherrn überhaupt nichts.

• Stellen Sie fest, wie hoch der Zins für Baudarlehen im Mittel bei fünf- und zehnjähriger Zinsbindung zur Zeit ungefähr ist. (Es empfiehlt sich dabei, eher auf- als abzurunden.)

• Die Summe, die Ihnen pro Monat für Zins und Tilgung zur Verfügung steht, benutzen Sie nun, um nach der folgenden Formel auszurechnen, wieviel Geld Sie für Ihr Haus einschließlich Grundstück und allen Nebenkosten ausgeben dürfen.

$$\frac{\text{Tragbare jährliche Belastung DM x 100 \%}}{\text{Aktueller Zinssatz \% + 1 \% Tilgung}} = \text{Kreditsumme, die Sie sich leisten können}$$

Beispiel:
Familie Mustermann verfügt über ein Eigenkapital von 130 000 DM. Die monatliche Belastung für Zins und Tilgung darf 2 000 DM (jährlich also 24 000 DM) nicht überschreiten. Der mittlere Zins fur Bankhypotheken liegt bei 7,5 %. Zusammen mit 1 % Tilgung müssen demnach jährlich insgesamt 8,5 % vom Darlehensbetrag für Zins und Tilgung aufgewendet werden. In die Formel eingesetzt sieht das Ganze dann so aus:

$$\frac{\text{24 000 DM x 100 \%}}{\text{8,5 \% + 1 \% Tilgung}} = \text{282 400 DM}$$

Familie Mustermann kann sich nach dieser Rechnung ein Darlehen in Höhe von 282 400 DM leisten. Zusammen mit ihrem Eigenkapital von 130 000 DM darf das Haus dann alles in allem 412 400 DM kosten.

Extratip:
Bis zur Festschreibung der Konditionen können Ihre ganzen Berechnungen nicht mehr als überschlägig sein. Sie sollten bis dahin unbedingt kontinuierlich die Zinsen beobachten und o. g. Berechnungen bei Zinsänderungen immer wieder neu durchführen.

Wenn Sie wissen, wieviel Geld Ihr Haus kosten darf und wie hoch Ihr Kreditbedarf ist, kann es weitergehen. Sie müssen nun feststellen, ob auch potentielle Kreditgeber (und nicht nur Sie selbst) der Meinung sind, daß Sie sich einen bestimmten Darlehensbetrag leisten können. Denn bevor Sie Geld für einen Architekten ausgeben, sollten Sie möglichst genau wissen, wieviel Geld Sie verbauen dürfen. Dazu stellen Sie am besten bei Ihrer Hausbank eine „Finanzierungsvoranfrage“. In dieser beschreiben Sie die Rechnung, die Sie entsprechend unserem Beispiel durchgeführt haben, stellen kurz Ihre Vermögensverhältnisse dar und fragen, ob die Bank prinzipiell bereit ist, Ihnen die benötigte Darlehenssumme zu leihen.

Mit der schriftlichen Zusage Ihrer Hausbank können Sie dann von Ihrem Architekten einen Entwurf mit einer Kostenschätzung anfertigen lassen.

3.3 Finanzierung ausschreiben

„Für wenig Geld viel Geld leihen"

Wenn Sie den ersten Entwurf Ihres Architekten und den Kostenvoranschlag in der Hand haben, geht es in die zweite Runde des Finanzierungsaufbaus, in der es darum geht, das Geld möglichst preiswert zu leihen. Sie können dazu natürlich einfach wieder zu Ihrer Hausbank gehen und das Darlehen beantragen, für das Sie die Finanzierungsvoranfrage gestellt haben. Bei Ihrer Hausbank wird man Ihrem Wunsch sicher entsprechen. Aber teuer wird es unter Umständen auch. Es empfiehlt sich deshalb, die Kreditinstitute wie Handwerker zu behandeln und eine Ausschreibung für das benötigte Darlehen zu veranstalten. Das ist viel einfacher, als Sie denken mögen. Wir verdeutlichen Ihnen dies an einem Beispiel:

Sehr geehrte Damen und Herren,

ich beabsichtige, ein Einfamilienhaus auf meinem belastungsfreien Grundstück in Entenhausen zu errichten (geplanter Baubeginn: September 1997). Die Kosten werden vom Architekten auf 260 000 DM geschätzt. Der größte Teil der Finanzierung ist über ein Bauspardarlehen gesichert (siehe Anlage). Über den Rest der Finanzierung in Höhe von 100 000 DM bitte ich Sie, mir ein Angebot zu unterbreiten.

Dieses Angebot sollte enthalten:

- *den Effektivzins*
- *Bereitstellungszinsen (Höhe und Fälligkeit)*
- *Zinsfälligkeit*
- *die Höhe der Restschuld nach 10 Jahren*
- *Schätzgebühren*
- *sonstige Nebenkosten und Bearbeitungsgebühren*

Gewünschte Laufzeit: 10 Jahre
Auszahlung: 100 %
Tilgung: 1 % pro Jahr

In der Anlage finden Sie eine Darstellung des Gesamtkonzeptes und meiner Einkommensverhältnisse.

Mit freundlichem Gruß
E. Mustermann

Anlage: Gesamtkonzept E. Mustermann

Gesamtkonzept E. Mustermann, Haus Entenhausen

Grundstück (belastungsfrei): 300 qm, Wert ca. 120 000 DM
Haus: Kosten (einschließlich Nebenkosten): 260 000 DM
Bausparvertrag zuteilungsreif über 100 000 DM
(Guthaben: 45 000 DM)
Eigenkapital (einschließlich der staatlichen Zuschüsse): 60 000 DM
Finanzierungsbedarf: 100 000 DM
Ich bezahle zur Zeit eine Warmmiete von 1400 DM monatlich und spare 450 DM im Monat und kann daher die zu erwartende monatliche Belastung (ich kalkuliere mit ca. 1800 DM) problemlos aufbringen. Ich bin 32 Jahre alt, verbeamtete Lehrerin und möchte, daß das Haus in 30 Jahren bezahlt ist.

Dieses Schreiben senden Sie nun an vier oder fünf Banken, darunter natürlich auch an Ihre Hausbank und eventuell auch an Ihre Lebensversicherung. Die Angebote dieser Institute können Sie dann in Ruhe vergleichen. Wie bei den Handwerkern sollten Sie auch mit den anbietenden Finanzinstituten in Nachverhandlungen treten, denn die Zahlen, die Ihnen genannt werden, sind Angebote, die durchaus nach unten korrigiert werden können. Ob sich dieser Aufwand lohnt, fragen Sie? Aber sicher, denn Unterschiede von 0,5 % sind bei Hypothekendarlehen durchaus die Regel. Bei der langen Laufzeit von Baudarlehen können Sie bei einer Darlehenssumme von 100 000 DM ohne weiteres 15 000 DM sparen. Aber Vorsicht! Geld ist nicht alles. Service, Flexibilität und Kundennähe einer Bank sind Faktoren, die Ihre Baukosten indirekt ebenfalls beeinflussen. Deshalb sollten Sie sich unbedingt bei anderen Bauherren nach deren Erfahrungen mit den verschiedenen Finanzinstituten erkundigen.

Und noch etwas: Rechnen Sie Ihr Finanzierungskonzept immer wieder durch: Alleine, mit dem Steuerberater, mit dem Berater bei der Bank bzw. Bausparkasse und nicht zuletzt mit Ihrem Architekten. Denn Fehler im Finanzierungskonzept frühzeitig erkannt, sind keine, weil vor Beginn des Bauvorhabens immer die Möglichkeit besteht, „gegenzusteuern". Wenn aber das Haus erst einmal steht und 500 000 DM gekostet hat und Sie feststellen, daß Sie allenfalls 350 000 DM finanzieren können, ist es zu spät. Und nicht zuletzt sollten Sie auch daran denken, daß keine Finanzierung so teuer ist wie eine Nachfinanzierung.

3.4 Geldquellen

„Anzapfen"

3.4.1 Hypothekendarlehen

„Sie haben in Ihrem Beispiel eine gewünschte Laufzeit des Darlehens von 10 Jahren angegeben. Ist das in jedem Fall sinnvoll?"

Nein, denn welche Laufzeit sinnvoll ist, hängt von der Höhe der aktuellen Hypothekenzinsen ab. Grundsätzlich gilt: Bei niedrigen Zinsen sollten Sie eine möglichst lange Laufzeit vereinbaren. Bis 1995 konnten Bauherren eines eigengenutzten Hauses die monatliche Zinsbelastung senken, indem Sie ein hohes Disagio vereinbarten (durch das freilich auch die Gesamthöhe der Schulden nicht unerheblich stieg). Ein Disagio oder Damnum ist die Differenz zwischen dem genehmigten Darlehen und dem ausgezahlten Betrag. Wurde es vor dem Einzug „gezahlt", konnte es sofort vollständig von der Steuer abgesetzt werden. Seit 1996 hat der Gesetzgeber diese Möglichkeit drastisch beschnitten. Zwar können Bauherren auch heute ein Disagio vereinbaren, aber sie dürfen es nur über die gesamte Laufzeit des Darlehens abschreiben. Damit ist es steuerlich uninteressant. Da ein Disagio zudem die Gesamthöhe der Schulden in die Höhe treibt, ist dem Bauherrn eines eigengenutzten Wohnhauses davon abzuraten.

Aber es gibt ein Trostpflaster: Bauherrn eines eigengenutzten Hauses können für die Kosten, die vor dem Einzug ins Haus entstehen, einmalig pauschal 3500 DM vom zu versteuernden Einkommen abziehen. Und zwar selbst dann, wenn Ihnen keine Kosten entstehen (ein Fall, der in der Praxis allerdings kaum vorkommen dürfte).

Verhandeln sollten Sie mit der Bank in jedem Fall über die Höhe der Bereitstellungszinsen (Höhe und Fälligkeit), Zinsfälligkeit, Schätzgebühren und alle weiteren Nebenkosten und Bearbeitungsgebühren.

Bereitstellungszinsen: Sie sind zwar üblich und in Zeiten hoher Zinsen kaum zu umgehen, aber der Fälligkeitstermin ist Verhandlungssache. Zufrieden können Sie sein, wenn Sie innerhalb der ersten sechs Monate nach dem Abschluß des Darlehensvertrages keine Bereitstellungszinsen zahlen müssen.

Extratip: Es kann bei bestimmten Zinskonstellationen sogar sinnvoll sein, statt über Bereitstellungszinsen zu verhandeln, sich den ganzen Darlehensbetrag vorzeitig auszahlen zu lassen. Wenn Sie beispielsweise für Ihr langfristiges Hypothekendarlehen einen günstigen Zinssatz von 6,5 % vereinbart haben, der kurzfristige Zinssatz für Festgelder aber bei satten 8 % liegt. Dann können Sie sich das Baugeld für 6,5 % von der Bank leihen – und leihen es ihr wieder für 8 %. Die 1,5 %ige Differenz (falls Sie Ihre Steuerfreibeträge noch nicht ausgeschöpft haben) gehört dann Ihnen. Ohne Risiko und ganz legal. Bei einer Summe von 200 000 DM sind das in einem halben Jahr 1500 DM.

Bei Bauspardarlehen besteht immer die Möglichkeit der vorzeitigen, kostenfreien Darlehenstilgung. Eine Tatsache, die sehr viel Geld sparen kann. Etwa wenn Sie bedingt durch einen Umzug das Haus verkaufen müssen oder durch eine Erbschaft das Darlehen auf einen Schlag ablösen könnten.

Auch Banken können eine solche Klausel in den Kreditvertrag aufnehmen. Ob Sie dazu bereit sind, hängt unter anderem vom Verhandlungsgeschick des Kreditnehmers ab. Ein Versuch lohnt sich in jedem Fall, denn bei der vorzeitigen Rückzahlung eines Darlehens verlangen die Banken oft recht hohe Vorfälligkeitsentschädigungen.

Schätzgebühren: Wir sind der Meinung, daß die Banken die Schätzungen selbst bezahlen sollen. Die Gründe erfahren Sie im Kapital „Partner am Bau“ unter dem Stichwort „Schätzer“.

Noch ein Wort zur Zinsfälligkeit: Versuchen Sie mit Ihrer Bank die halbjährliche und nicht die übliche monatliche Zahlung der Zinsen zu vereinbaren. Denn in der Zwischenzeit können Sie (statt der Bank) dieses Geld gewinnbringend anlegen.

3.4.2 Lebensversicherung

Wenn Sie eine Kapitallebensversicherung haben, kann es sinnvoll sein, auch das Versicherungsunternehmen um ein Angebot für eine Finanzierung zu bitten. Bei dieser Finanzierungsform werden die Schulden nicht kontinuierlich, sondern erst am Ende der Ablaufzeit der Lebensversicherung getilgt. Sie zahlen praktisch die ganze Zeit nur die Zinsen und die Beiträge zur Lebensversicherung.

Die Konditionen der Darlehen von Lebensversicherern sind oft etwas günstiger als die der Banken. Nachteilig ist dabei, daß die Lebensversicherungsgesellschaften oft sehr starre Beleihungsgrenzen haben, insgesamt nicht besonders flexibel sind und Ihre monatliche Belastung höher als bei einem Hypothekendarlehen ist. Aber wenn Sie über ein hohes Eigenkapital und eine Kapitallebensversicherung verfügen, sollten Sie „Ihren“ Lebensversicherer durchaus ein Angebot abgeben lassen. Da sich diese Finanzierungsform nur unter Berücksichtigung der steuerlichen Vorteile der Lebensversicherung rentiert und die diesbezüglichen Regelungen kompliziert sind, empfiehlt es sich, dazu unbedingt den Rat des Steuerberaters einzuholen.

3.4.3 Bausparen

Um Mißverständnissen vorzubeugen, wollen wir Ihnen an dieser Stelle eines ins Gedächtnis rufen: Dieses Buch will in erster Linie Einsparmöglichkeiten am Bau aufzeigen. Wodurch andere Aspekte des Themas zwangsläufig nachlässig behandelt werden müssen, was unter Umständen zu Fehlschlüssen führen kann.

Am Beispiel des Bausparvertrages wollen wir diese Gefahr verdeutlichen: Wir haben Ihnen beim Aufbau der Finanzierung dazu geraten, Ihr Unternehmen „Bau“ nicht ohne ein Mindestmaß an Eigenkapital zu starten. Ein wichtiges Element in der Baufinanzierung wird in vielen Familien ein Bausparvertrag sein. Und das ist gut so. Denn kaum eine andere Sparform wird vom Staat so gefördert wie das Bausparen, bei dem Renditen um 10 % möglich sind.

Auch sind die Tilgungsraten bei Bauspardarlehen hoch. Dadurch ist die monatliche Belastung der Bauherrschaft durch Zins und Tilgung in den Jahren am größten, in denen der Staat Bauherren seit 1996 hohe Zulagen gewährt: Nämlich in den ersten 8 Jahren nach der Fertigstellung des Hauses.

Kurz gesagt, wenn Sie daran denken, in ein paar Jahren zu bauen, ist der Abschluß eines Bausparvertrages (besser noch von mehreren kleinen Bausparverträgen) eine sinnvolle Angelegenheit. Von diesem Umstand wäre jedoch in diesem Buch nicht die Rede gewesen, wenn wir nicht einen kleinen „Schlenker" gemacht hätten. Denn würden Sie nur den nächsten Abschnitt lesen, kämen Sie zu völlig falschen Schlüssen.

Während es durchaus sinnvoll ist, einen bestehenden, zuteilungsreifen Bausparvertrag in eine Finanzierung einzubauen, empfehlen wir Ihnen, die Restsumme anders zu finanzieren. Unter anderem deshalb, weil durch die Finanzierung mit einem weiteren Bausparvertrag Ihre monatliche Anfangsbelastung stark ansteigen würde. Denn nach Abschluß eines Bausparvertrages dauert es bis zur Zuteilung oft mehrere Jahre. Da Sie aber sofort bauen möchten, müßten Sie die Zinsen für die Zwischenfinanzierung bezahlen und den Bausparvertrag ansparen. Gleichzeitig wird jedoch Ihr Guthaben sehr schlecht verzinst, eine Tatsache die den Effektivzins des Darlehens in die Höhe treibt.

Deshalb: Auch wenn der Ruf der Banken zur Zeit schlechter ist als der der Bausparkassen: Wenn Sie sich das Geld für die Sofortfinanzierung von Ihrer Bank leihen, sparen Sie. Und wir haben es an anderer Stelle schon einmal betont: Egal welches Image ein Produkt hat – es darf nicht Ihr Geld kosten.

Da wir hoffen, daß Sie sich schon in jungen Jahren mit Hilfe dieses Buches ein Haus bauen können, halten wir eine Mischfinanzierung zwischen einem Bauspardarlehen und einem Hypothekendarlehen (das erst im Laufe von dreißig Jahren zurückgezahlt werden muß) für sinnvoll. Denn so ist gewährleistet, daß Sie erstens in der Zeit der größten steuerlichen Entlastung einen Teil des Hauses abbezahlen und Ihnen zweitens nicht der Spaß am eigenen Haus durch eine zu hohe Tilgungsrate verdorben wird. Denn, auch wenn vielen von uns Schulden ein schlechtes Gefühl bereiten, versichern wir Ihnen: Mit sorgfältig geplanten Schulden läßt es sich hervorragend leben. Aber natürlich spricht überhaupt nichts dagegen, die Darlehen schneller zu tilgen, wenn es Ihr Budget erlaubt. Denn Sie zahlen unter dem Strich als Privatperson insgesamt um so weniger für ein Darlehen, je früher Sie es zurückzahlen. Oder Sie schließen, immer wenn Sie

Geld übrig haben, einen Bausparvertrag (über eine kleine Summe) ab und lösen damit Stück für Stück Ihre Bankhypothek ab. Optimal ist es, wenn Sie die staatlichen Zulagen zur Ansparung eines Bausparvertrages einsetzen (siehe hierzu auch unter 3.5 „Zuschüsse vom Staat")

Hinweis:
Baufinanzierende Institutionen geben Bauherren gerne das Gefühl, daß es unfein sei, über Geld zu reden. Lassen Sie sich nicht täuschen: Man redet dort den ganzen Tag über nichts anderes! Mit Firmen wird völlig unverkrampft über Kreditangebote verhandelt. Warum also nicht auch mit Ihnen?

3.5 Zuschüsse vom Staat

„Derzeit eine sichere Sache"

Der Staat gewährt den Bürgern Zuschüsse, die Wohneigentum errichten bzw. erwerben möchten. Allerdings dürfen deren Einkünfte im Jahr der ersten Inanspruchnahme und im Vorjahr zusammen nicht über 240 000 DM / 480 000 DM (alleinstehend/verheiratet) liegen.

Die wichtigsten Zulagen, mit denen dieser Personenkreis derzeit bei Neubauten für die Dauer von acht Jahren sicher rechnen kann (und die dem Eigenkapital zugerechnet werden können):

Basiszulage maximal	pro Jahr 5000 DM	in acht Jahren 40 000 DM
Kinderzulage je Kind	1500 DM	12 000 DM

Zulagen, die der Staat für den Bau von Niedrigenergiehäusern und den Einbau von Solaranlagen, Wärmepumpen und Anlagen zur Wärmerückgewinnung gewährt, sollten nicht zum Eigenkapital hinzugerechnet werden. Diesen Zulagen stehen nämlich erhebliche Mehrkosten für die entsprechenden baulichen Maßnahmen gegenüber. Die staatlichen Zulagen lassen sich unterschiedlich einsetzen. Hierzu zwei Rechenbeispiele:

Haus: Kosten ohne Grundstück: 260 000 DM.
Bausparvertrag zuteilungsreif über 100 000 DM,
davon Guthaben 45 000 DM und Darlehen 55 000 DM.
Eigenkapital: 60 000 DM.
Hypothek über 100 000 DM.
Monatliche Belastung: 1800 DM.
Es besteht Anspruch auf staatliche Zulagen in Höhe von 6500 DM/Jahr bzw. 542 DM/Monat.

Modell A:
Bauherr A verwendet die 542 DM um seine monatliche Belastung von 1800 DM auf 1258 DM zu senken. Vorteil: In jungen Jahren, in denen das Haus eingerichtet werden muß und das Kind klein ist, wird die Haushaltskasse merklich entlastet. Nachteil: Sind nach Ablauf der Zinsfestschreibung die Hypothekenzinsen gestiegen, oder ist das Haushaltseinkommen durch Krankheit oder Arbeitslosigkeit gesunken, kann die monatliche Belastung schnell untragbar hoch werden. Steigen etwa die Zinsen um 4 %, entspricht dies bei einer Darlehenssumme von 100 000 DM einer monatlichen Mehrbelastung von über 300 DM. Diese Art der Verwendung der staatlichen Zulagen empfiehlt sich daher nur für Bauherren, die über finanzielle Reserven verfügen oder in absehbarer Zeit einen größeren Geldbeitrag zu erwarten haben. Allen anderen sind mit Modell B auf der sichereren Seite.

Modell B:
Bauherr B zahlt hierbei die staatlichen Zulagen in Höhe von 542 DM pro Monat in einen Bausparvertrag über die Summe von 100 000 DM ein und löst damit nach 10 Jahren die Hypothek über 100 000 DM ab. Vorteil: Maximale Zinssicherheit für die gesamte Zeit der Baufinanzierung. Nachteil: Hohe monatliche Belastung in den ersten 8 Jahren. Einige Bausparkassen bieten entsprechend Modell B integrierte Finanzierungskonzepte an, die Planung und Abwicklung für die Bauherren wesentlich vereinfachen können.

3.6 Wohngeldgesetz

„Eine zusätzliche Geldquelle“

„Was soll ich als Hausbesitzer mit dem Wohngeldgesetz anfangen?“ Eine ganze Menge. Denn genau wie bestimmte Mieter Wohngeld bekommen, werden dem Besitzer von selbstgenutztem Wohnraum unter Umständen sogenannte Lastenzuschüsse gewährt. Abhängig ist dies vom Einkommen des Antragstellers und der Höhe seiner monatlichen Belastung durch den Hausbau. Anlaufstelle für entsprechende Anträge sind die Wohngeldstellen Ihrer Stadt oder Gemeinde.

Hinweis: Wenn Sie arbeitslos werden und zu erwarten ist, daß die monatliche Belastung durch Zins und Tilgung Ihre finanziellen Möglichkeiten übersteigt, sollten Sie sich unbedingt sofort mit der für Sie zuständigen Wohngeldstelle in Verbindung setzen. Einen Grund für irgendwelche Schamgefühle gibt es nicht. Denn der Staat möchte, daß Sie Ihr Haus behalten, und wird Sie dabei unterstützen.

3.7 Grundschuldbestellung

„Ein Brief macht flexibel“

Die Bestellung einer Grundschuld kann als Brief- oder Buchhypothek erfolgen. Bei der Briefhypothek wird ein regelrechter Brief ausgestellt. Das hat folgenden Vorteil: Wenn Sie, sagen wir nach 10 Jahren, die Bank oder Bausparkasse wechseln möchten, muß dieser Wechsel nicht gebührenpflichtig ins Grundbuch eingetragen werden. Vielmehr händigt der alte Schuldner dem neuen Schuldner den Grundschuldbrief aus, und damit ist der Fall erledigt.

Und er hat noch einen Vorteil: sobald die Schulden für Ihr Haus bezahlt sind, kann der Grundschuldbrief abgetreten oder verpfändet werden, ohne daß dazu ein neuerlicher Eintrag ins Grundbuch fällig ist. Sie können Ihr Haus dann praktisch jederzeit schnell, unbürokratisch und billig beleihen. Wir geben aus den genannten Gründen dem Grundschuldbrief den Vorzug, auch wenn die Banken gelegentlich befürchten, daß er verlorengehen könnte.

4 Bau-Zeit

4.1 Zeit

„Zeit ist Geld. Ihr Geld!"

Überziehungen des Zeitplans sind am Bau eher die Regel als die Ausnahme, obwohl eigentlich allen Beteiligten klar ist, daß jeder zusätzliche Tag den Bauherrn unnötig Geld kostet. Denn er muß doppelt zahlen, nämlich die Miete für die bisherige Wohnung sowie Zins und Tilgung für das neue Haus. Deshalb sollte es das Ziel jedes preisbewußten Bauherrn sein, möglichst schnell zu bauen, um diese finanzielle Doppelbelastung nur über einen möglichst kurzen Zeitraum tragen zu müssen. So werden schon bei einer Miete von 1000 DM bei einer Verzögerung des Umzuges um 6 Monate glatte 6000 DM „verschenkt". Dies heißt nicht, daß Sie die Bauarbeiter und den Architekten wie ein Sklaventreiber durch die Baustelle hetzen sollen, denn Pfusch und Unmut wären zwangsläufig die Folge.

Aber am Ball bleiben müssen Sie schon – und zwar andauernd. Die Bauzeit (ab Vorliegen der Baugenehmigung) für ein normales Einfamilienhaus sollte bei guter Planung ein halbes Jahr nicht überschreiten. Besonders zuverlässig ist dieses Ziel zu erreichen, wenn mit dem Bau im Frühjahr begonnen wird.

Wenn Sie zügig bauen wollen, sollten Sie die folgende Grundregel beherzigen, die zunächst ein bißchen absurd klingt: Lassen Sie sich

Zeit. Und zwar, wenn Zeit eben noch kein Geld kostet. Mit anderen Worten: Alle Vorplanungen, Überlegungen, Änderungen, Ausschreibungen sollten in *der* Phase Ihres Bauvorhabens erfolgen, in der die monatlichen Kosten für Zins und Tilgung möglichst gering sind. Nicht zuletzt sollte der Bauherr auch seinem Planungsteam Zeit lassen und dieses nicht in einem zu frühen Stadium unter Druck setzen. Denn hastig gezeichnete Pläne sind oft teure Pläne.

4.2 Zeitplan

„Wichtiger, als Sie denken"

Vor Beginn Ihres Bauvorhabens sollte der optimale Zeitplan wie folgt aussehen:

1. Aus dem Wunsch zu bauen, wird das Ziel zu bauen.

2. Sie stellen einen ersten Plan auf, in dem Sie Ihre finanziellen Möglichkeiten abchecken.

3. Bei einem Gespräch mit einem Finanzkundigen (am besten Ihrem Steuerberater) überprüfen Sie diesen Plan.

4. Sie holen sich ein prinzipielles Okay für diesen Plan von Ihrer Bank oder Bausparkasse.

5. Sie erkundigen sich nach den aktuellen Förderprogrammen von Bund, Ländern und Gemeinden und nehmen die Suche nach einem Architekten und einem Grundstück auf.

6. Nach dem Erwerb des Grundstücks (das Sie möglichst vom Eigenkapital bezahlen sollten) und nach dem Abschluß des Vertrages mit dem Architekten geht es weiter. Er zeichnet jetzt nach Ihren Wünschen und Vorgaben (auch den finanziellen) einen ersten Entwurf.

Extratip
Werfen Sie spätestens nach dem Grundstückskauf einen Blick in den Mietvertrag Ihrer jetzigen Wohnung. Denn wenn Sie dort sehr lange gewohnt haben, heißt es, rechtzeitig (!) zu kündigen. Ein Freund von uns hat einen Teil seines beim Bau eingesparten Geldes „verspielt", weil er vergessen hatte, seine alte Wohnung zu kündigen, und für ein halbes Jahr weiter Monat für Monat 1450 DM Miete bezahlen mußte.

7. Ihre Änderungswünsche an diesem Entwurf sollten Sie dann in einem gemeinsamen Gespräch mit Architekt, Statiker und dem Ingenieur für Versorgungstechnik vorbringen. Alle Teilnehmer dieses Gespräches sollten Sie explizit um kostensenkende Vorschläge bitten.

8. Bevor der Bauantrag eingereicht wird, sollten alle Fördermittel beantragt und genehmigt sein.

9. Auf der Basis der 1:100-Pläne, die der Architekt für die Baugenehmigung gezeichnet hat, werden die Leistungsverzeichnisse erstellt und die Ausschreibungsunterlagen verschickt.

10. Für jedes Gewerk wird ein Preisspiegel erstellt, und mit den drei billigsten Anbietern werden Vergabegespräche geführt.

11. Zusammen mit dem Architekten wird ein Bauzeitenplan erstellt.

12. Die Verträge mit den Handwerkern werden geschlossen.

Und dann kann's losgehen. Oder auch nicht. Denn wie in dem Film „Einmal im Leben" wunderbar dargestellt ist, verzögert sich oft schon der Baubeginn um Wochen. Zwar wurden und werden bei jedem Bauvorhaben Zeitpläne aufgestellt. Genauso werden sie aber auch verworfen.

Der Architekt H. Grote hat sich mit diesem Problem intensiv beschäftigt. Herausgekommen ist dabei sein KOPF-System (Kybernetische Organisation, Planung, Führung). Dieses System beruht im wesentlichen auf der Erkenntnis, daß eine Baustelle eine sehr komplexe Angelegenheit ist, an der eine Vielzahl von Personen beteiligt ist und wo Abweichungen von allen Plänen die Norm sind. Die Folgen dieser Störungen sind auf normalen Baustellen Ärger, zeitliche Verzögerungen und Kostenüberschreitungen, die alle das Geld des Bauherrn kosten (ein Umstand, der von Architekten und Handwerkern gerne augenzwinkernd ignoriert wird). Herr Grote hat nun mit seinem System die Basis geschaffen, eine Baustelle so zu organisieren, daß weniger Störungen auftreten und diese, wenn sie (wie immer) doch auftreten, keine oder nur geringe Abweichungen vom Zeitplan verursachen.

Wir können hier auf dieses System nicht genauer eingehen, sondern dem preisbewußten und engagierten (!) Bauherrn (der relativ viel Zeit haben sollte) nur empfehlen, sich mit diesem System eingehend zu befassen (im Anhang finden Sie hierzu weiterführende Literatur).

Zum Schluß dieses Kapitels ein Zitat von Grote, in dem eigentlich alles zum Thema „Bauzeit“ gesagt wird: „Bauzeiten sind nicht das Ergebnis einer Berechnung, sondern das Resultat eines Willensaktes.“ Und wir versichern Ihnen, daß kein Wille diesen Akt besser vollbringen kann als der Ihre.

5 Partner am Bau

5.1 Steuerberater

„Der wichtigste Partner am Bau"

Auch wenn es Ihnen unsinnig erscheint: Ihr erster Partner am Bau ist der Steuerberater. Denn nur er kennt all die Vergünstigungen, die unser kompliziertes Steuergesetz für den Häuslebauer bereithält. Kaum eine andere Person am Bau kann bei Ihrem Projekt soviel Geld einsparen wie der Steuerberater, besonders wenn er rechtzeitig gefragt wird.

Ihn sollten Sie deshalb zu Rate ziehen, wenn ihr Wunsch, ein Haus zu bauen, intensiver wird, und mit ihm folgende Fragen klären:

- Wie teuer darf Ihr Haus einschließlich aller Nebenkosten werden?
- Haben Sie einen Anspruch auf staatliche Zuschüsse, oder ist Ihr Einkommen dafür zu hoch?
- Wieviel Geld können Sie monatlich für Zins und Tilgung ausgeben, ohne und mit Berücksichtigung von Steuervorteilen und Zuschüssen?
- Kann er Ihnen Zuschüsse oder Sonderprogramme (einschließlich Laufzeit) nennen, die für Sie in Frage kommen?
- Wann sollten Sie bauen? Wie sieht sein steuertechnisch optimaler Bauzeitenplan für Sie aus?
- Wann sollte Ihr Haus fertiggestellt sein?
- Welches Finanzierungsmodell schlägt er vor?
- Über welche Sicherheiten bzw. über welche Vermögenswerte verfügen Sie, die für eine Bank von Interesse sind?
- Lohnt sich der Bau einer Einliegerwohnung für Sie? Oder kann es sogar ein Zweifamilienhaus sein?
- Kennt er Leute, die Partner zum Bau eines Reihen- oder Doppelhauses suchen?
- Wie sieht die Absicherung der Familie für den Fall aus, daß dem Haupternährer der Familie etwas zustößt?

Extratip:
Wir empfehlen Ihnen, von der Summe, die Ihnen der Steuerberater für Ihren Hausbau „genehmigt", zwei Sicherheitsabschläge vorzunehmen, denn am Bau ist Unvorhergesehenes die Regel – und das kostet Geld. Ein Umstand, der Ihnen keine schlaflosen Nächte bereitet, wenn Sie ihn eingeplant haben. Deshalb sollten Sie von der vom Steuerberater „genehmigten" Gesamtsumme 10 % abziehen – für Unvorhergesehenes und Extrawünsche.

Wenn Ihnen der Steuerberater also sagt, daß Sie sich ein Haus leisten können, das alles in allem 400 000 DM kosten darf, ziehen Sie davon 10 %, also 40 000 DM, ab. Damit darf Ihr Haus insgesamt 360 000 DM kosten. Auch wenn Ihnen dieser Sicherheitsvorschlag noch so überzogen zu sein scheint: Wir wollen, daß Sie nicht nur ein preiswertes Haus bauen, sondern wir wünschen uns, daß Sie die Grenzen Ihrer finanziellen Möglichkeiten einhalten. Denn kaum ein Umstand kostet am Bau mehr Nerven als ein überzogenes Budget (mehr zu diesem Thema im Kapitel „Aufbau der Finanzierung).

5.2 Architekt

„Nur Heiraten hat weitreichendere Konsequenzen"

Mit der Auswahl Ihres Architekten treffen Sie die zentrale Entscheidung Ihres Bauvorhabens. Er entscheidet, ob der Kostenrahmen und der Zeitplan eingehalten wird und ob Sie ein gesundes, schönes Haus bauen. Deshalb – gehen Sie äußerst sorgfältig bei der Suche nach Ihrem Architekten vor, und lassen Sie sich dabei nicht unter Zeitdruck setzen. Aber – wie finden Sie nun Ihren „Traumarchitekten"? Zunächst sollten Sie sich umhören: Im Bekanntenkreis, bei den Bauherren in den Neubaugebieten, bei Ihrem Steuerberater und manchmal lohnt es sich auch, beim Bauamt oder der Architektenkammer nachzufragen. Sobald Sie dann einen oder mehrere Architekten „ins Auge gefaßt haben", empfiehlt es sich, diese um Referenzen zu bitten. Wenn Ihnen dann die

Auftraggeber dieser Referenzbauwerke bestätigen, daß bei ihrem Bau der Zeit- und Kostenplan eingehalten wurde, können Sie an die Vertragsgestaltung denken. Aber Vorsicht! Die Höhe des Honorars für Architekten ist in der HOAI (Honorarordnung für Architekten und Ingenieure) festgelegt, welche vorsieht, daß Ihrem Architekten um so mehr Geld zusteht, je teurer Ihr Haus wird. „Wie bitte? Dem Architekten soll mehr Geld zustehen, wenn er meinen Kostenrahmen überschreitet und mich damit ruiniert?" „Richtig, wenn Sie nichts anderes vereinbaren, müssen Sie zahlen." Aber es geht auch anders. Dazu eine Vorbemerkung: Ein Architekt kann schnell und problemlos ein hübsches Häuschen entwerfen, wenn er nicht an die Kosten denken muß. Behält er die Kosten jedoch im Auge oder räumt er ihnen sogar eine gewisse Priorität ein, wird es für ihn kompliziert, zeitaufwendig und teuer. Deshalb empfehlen wir Ihnen, in Ihren Architektenvertrag zwei Klauseln aufzunehmen:

1. Definieren Sie im Vertrag eindeutig den Betrag, den Ihr Haus einschließlich Mehrwertsteuer maximal kosten darf. Bestehen Sie nicht darauf, kann Ihr Architekt die Baukosten nahezu ungezügelt überschreiten, ohne daß Sie ihn zum Regreß zwingen könnten. Auch für Sie aus steuerlichen Gründen wichtige Termine sollten im Vertrag festgehalten werden.

2. Vereinbaren Sie mit dem Architekten eine Erfolgsprämie für preisgünstiges Bauen. Die HOAI sieht hierfür bis zu 20 % der eingesparten Kosten vor. Allerdings sei Ihnen nicht verschwiegen, daß sich die Feststellung der Kostenersparnis in der Praxis nicht einfach gestaltet.

Eigentlich eine Selbstverständlichkeit, wir möchten es aber betonen: Schließen Sie unbedingt einen schriftlichen Architektenvertrag ab, in dem alle Sondervereinbarungen festgehalten werden. Und lassen Sie sich von dem Architekten seine Haftpflichtversicherungspolice zusammen mit einem Beleg darüber vorlegen, daß er den letzten Beitrag bezahlt hat. Auch wenn in der kreativ-euphorischen Stimmung der ersten Planungsphase derartige scheinbar bürokratische Banalitäten gerne vergessen werden.

5.3 Statiker

„Der wichtige unsichtbare Mann am Bau!"

Statiker sind ein ganz spezieller Menschenschlag mit einigen für den preisbewußten Bauherrn unbezahlbaren Eigenschaften. Mit ihrer Arbeit legen sie nämlich zu einem wesentlichen Teil fest, wieviel ein Haus einmal kosten wird, ohne daß man als Bauherr etwas davon merkt. Für den kostenbewußten Bauherrn empfiehlt es sich, das Gespräch mit dem Statiker zu suchen und Ihn um Vorschläge zur Kostenoptimierung des Hauses zu bitten. (Dieser direkte Kontakt zwischen Bauherr und Statiker ist normalerweise nicht üblich. Meist arbeitet der vom Architekten beauftragte Statiker auch nur mit diesem zusammen.)

Für unser Thema „Preiswert Bauen" ist die Arbeit des Statikers so faszinierend, weil einem vom Statiker optimal berechneten Haus die Kostenersparnis nicht anzusehen ist. Das Haus ist nur billiger.

Beispiel: Als Bauherr müssen Sie nicht wissen, wie und in welche Richtung eine Geschoßdecke gespannt wird. Sie müssen noch nicht einmal wissen, was man darunter versteht. Aber Ihr Statiker weiß es, und er kann viel Geld einsparen, wenn er die Spannweiten und die Spannrichtung der Decke unter dem Aspekt der Kostenersparnis wählt. Wenn er Ihnen beispielsweise empfiehlt, die Breite eines Raumes zu reduzieren, um so die Decke erheblich preisgünstiger planen zu können, ist das für Sie vielleicht gefühlsmäßig nicht nachvollziehbar. Aber Statik und preiswertes Bauen sind keine Sache des Gefühls!

Ihr Statiker kann aber noch mehr. Beispielsweise kann er Ihnen unter Umständen zu kostenlosem Wohnraum verhelfen. Wenn er seine Berechnungen so optimiert, daß die tragenden Wände Ihres Hauses nur eine Dicke von 11,5 cm statt der üblichen 24 cm aufweisen, kostet Sie das Mauerwerk pro Quadratmeter weniger, und

Sie gewinnen noch Wohnfläche dazu. Denn bei gleicher Grundfläche des Hauses steht Ihnen um so mehr Wohnfläche zur Verfügung, je dünner die Wände sind.

Ihr Statiker kann Ihnen aber auch dazu raten, Geld auszugeben, um zu sparen. Indem er Ihnen beispielsweise empfiehlt, ein Bodengutachten für Ihr Grundstück anfertigen zu lassen, damit er das Fundament schmaler und damit preiswerter auslegen kann (dies lohnt sich jedoch meist nur bei größeren Häusern).

5.4 Handwerker

„Zu oft unterschätzt!"

Handwerker – erst bekommt man sie nur schwer auf die Baustelle, dann hauen sie einen übers Ohr, sind unzuverlässig, leisten schlechte Arbeit und sind teuer. Vorurteile gegenüber einer Berufsgruppe, die Sie als kostenbewußter Bauherr schnellstmöglich ablegen sollten. Denn bei vielen dieser Handwerker handelt es sich um hochqualifizierte Fachleute, deren konkrete Vorschläge zur Kostendämpfung viel zuwenig Gehör finden.

Spätestens bei den Vergabeverhandlungen sollten Sie die Handwerker nach ihren kostendämpfenden Ideen fragen. Wieviel Geld Sie dadurch sparen können zeigt unser Beispiel:

In der Ausschreibung für ein Einfamilienhaus hatte der Architekt zur Dacheindeckung S-förmig geschwungene Betonziegel vorgesehen, die Anfang der neunziger Jahre modern waren. Der Dachdecker schlug dagegen einen konventionell geformten Dachziegel vor.

- Technische Nachteile: keine
- Ästhetische Nachteile: keine, da die Stirnseite des Hauses zur Straße zeigt und das Dach kaum zu sehen ist,
- Kostenersparnis: ca. 2000 DM

5.5 Schwarzarbeiter

„Nein danke"

Zum Thema Kostendämpfung am Bau fällt privaten Bauherren oft zuerst das Stichwort „Schwarzarbeit" ein. Stundenlöhne von Handwerkern, die sich im Bereich von 70 DM bewegen, lassen Schwarzarbeiterlöhne in Höhe von 20 DM in der Tat sehr verlockend erscheinen. Aber – auch wenn es sich ein wenig nach „moralischem Zeigefinger" anhört, lassen Sie sich eines gesagt sein: Schwarzarbeit lohnt sich nicht. Abgesehen davon, daß Sie strafbar ist und mit hohen Geldbußen belegt werden kann, gibt es eine Vielzahl von Gründen, die dagegen sprechen.

1. Reguläre Verträge mit Handwerkern räumen Ihnen als Bauherrn weitreichende Rechte ein, wenn es um Terminvereinbarungen, Preise und Gewährleistungsfragen geht. Keinen dieser Ansprüche können Sie bei einem Schwarzarbeiter geltend machen. Erscheint der Schwarzarbeiter einfach nicht mehr auf der Baustelle oder erledigt er seine Arbeit nur mangelhaft, können Sie praktisch nichts machen und müssen sehen, wie Sie klarkommen.

2. Wird das Arbeitsgerät eines Schwarzarbeiters beschädigt oder gestohlen, erwartet er von Ihnen Ersatz. Bei einer offiziellen Firma sind solche Verluste einkalkuliert.

3. Anders als bei einer Firma können Sie einen Schwarzarbeiter kaum haftbar machen, wenn er einen Schaden verursacht.

4. Schwarzarbeiterlöhne können Sie nicht von der Steuer absetzen, wodurch der scheinbare Preisvorteil erheblich schrumpft.

5.6 Freunde und Verwandte

„Verlassen Sie sich auf niemanden"

Alles, was wir zum Thema Schwarzarbeit gesagt haben, gilt mehr oder weniger abgeschwächt auch für Freunde und Verwandte. Wir empfehlen Ihnen deshalb, bei den zentralen Gewerken am Bau auf die Mithilfe von Freunden und Verwandten zu verzichten. Sinnvoll eingesetzt werden können diese z.B. bei Reinigungsarbeiten und beim Umzug. „Aber was ist mit meinem Schulfreund, der einen Dachdeckerbetrieb hat. Zu ihm habe ich Vertrauen und würde ihm den Auftrag gerne geben?"

Wir sind uns sicher, daß Sie an dieser Stelle die gleichen Fehler wie wir bei unseren ersten Bauprojekten machen werden. Aber wir wollen es Ihnen wenigstens gesagt haben: Die unkompliziertesten Verhältnisse auf der Baustelle sind diejenigen, welche auf der Basis fairer Verträge zwischen Fremden geschlossen wurden. Hier werden Ansprüche und Forderungen von beiden Seiten klar formuliert, und auf seiten des Bauherrn bleibt ein gewisses Restmißtrauen bestehen, welches am Bau sehr nützlich ist. Und last but not least – bei Verträgen zwischen Fremden wird keine Freundschaft „aufs Spiel gesetzt".

Möchten Sie aber unbedingt, daß Ihr Freund den Auftrag ausführt, sollten Sie ihn an der ganz normalen Ausschreibung teilnehmen lassen und erst bei den Vergabegesprächen bevorzugt behandeln. Denn es stellt sich leider nur zu oft heraus, daß „die besten Freunde" am Bau den Auftraggeber am meisten beschummeln.

5.7 Rechtsanwalt

„Ohne geht es nicht"

„Wie bitte? Ein Rechtsanwalt als Partner am Bau? Ich will doch bauen und keinen Prozeß führen! Außerdem kostet der Geld, und ich will sparen." Sie werden sich noch wundern – aber fangen wir von vorne an: Jeder (!) Bauherr wird mit juristischen Fragen der unterschiedlichsten Art konfrontiert, ob er will oder nicht. Das fängt an bei der Vertragsgestaltung mit dem Architekten, führt über Nachbarschaftsstreitereien zu Mängelanzeigen nach Fertigstellung des Bauwerks und und und... Ein Ausweichen ist unmöglich! Damit sich aus diesen juristischen Fragen und Streitereien eben keine Prozeßlawine entwickelt, ist es sinnvoll, sich frühzeitig von einem in den Fragen des Baurechts vertrauten Anwalt beraten zu lassen.

Für den Fall, daß es schon zu Streitigkeiten gekommen ist, sollten Sie sich durch diesen Anwalt dabei unterstützen lassen, einen außergerichtlichen Vergleich herbeizuführen. Denn werden in Baustreitigkeiten erst einmal die Gerichte bemüht, wird es für beide Parteien teuer und zeitraubend, und das Ergebnis ist meist doch ein Vergleich (dessen Gegenstand nicht nur der eigentliche Streitwert, sondern auch noch die Gutachter-, Gerichts- und Anwaltskosten sind). Deshalb ist in der Mehrzahl der Baustreitigkeiten ein außergerichtlich erzielter Vergleich sinnvoll und billiger, auch wenn dabei vielleicht vorhandene Rachegelüste nicht befriedigt werden. Abhängig von der Größe Ihres Bauvorhabens, Ihrem Verhandlungsgeschick und Vorwissen, den örtlichen Gepflogenheiten und den zu erwartenden rechtlichen Problemen kann es sinnvoll sein, mit einem Rechtsanwalt einen Beratervertrag abzuschließen. Was ein solcher Beratervertrag kosten darf, hängt neben den Baukosten von vielen anderen Faktoren ab. Aber selbst bei einem kleinen Bauvorhaben sollten Sie schon mit 3000 DM für einen Beratervertrag rechnen. Dennoch – diese Summe holen Sie unter Umständen schon durch einen einzigen, von Ihrem Anwalt rechtzeitig erkannten ungünstigen Vertrag oder einen vermiedenen Prozeß wieder rein.

5.8 Notar

„Fragen Sie ihm ein Loch in den Bauch“

Bei jedem Grundstücksgeschäft muß in Deutschland ein Notar eingeschaltet werden. Er soll als Unparteiischer einen eindeutigen Vertrag abfassen und den Vertragspartnern erläutern, welche Konsequenzen sich aus dem Vertrag ergeben. Dafür wird der Notar zu Recht gut bezahlt.

Für den Käufer eines Grundstücks ist es von großer finanzieller Bedeutung, wie der Kaufvertrag aussieht. Denn oftmals können winzige Vertragsklauseln, die für den juristischen Laien bedeutungslos zu sein scheinen, sehr viel Geld kosten. Deshalb gilt es für Sie beim Beurkundungstermin, hemmungslos nachzufragen, wenn Sie etwas nicht verstehen. Auch wenn der Notar dabei einen etwas leidenden Eindruck macht. Das ist zwar verständlich, denn er hört sich jeden Tag praktisch den gleichen Text an, aber es darf Sie nicht interessieren!

Damit Sie auch an alle wichtigen Fragen bei dem Beurkundungstermin denken, sollten Sie sich vor dem eigentlichen Notartermin einen Vertragsentwurf aushändigen lassen. Diesen können Sie dann zu Hause in Ruhe Punkt für Punkt durchgehen und sich alle Unklarheiten notieren.

Für Sie als preisbewußten Bauherrn empfiehlt es sich, unbedingt vor dem Notartermin zu klären, wann das Geld für Ihren Grundstückskauf definitiv zur Verfügung stehen muß. Wird doch im Kaufvertrag ein exakter Zahlungstermin vereinbart, und wenn Sie den nicht einhalten können, werden deftige Strafzinsen fällig. Gut ist es auch, möglichst genau zu wissen, wann Sie mit dem Bau beginnen möchten. Denn wenn Sie beispielsweise erst sechs Monate nach dem Erwerb des Grundstücks Ihr Bauprojekt starten möchten, haben Sie es auch nicht eilig, Nutzen und Lasten des Eigentums auf sich übergehen zu lassen. Sie werden nun zu Recht nach dem Grund dafür fragen. Ganz einfach: Meist wird in den Kaufverträgen vereinbart, daß Nutzen und Lasten an dem Tag auf den Käufer übergehen, an dem der Kaufpreis fällig wird. Wird also der Übergang von Nutzen und Lasten beispielsweise um einen Monat verschoben, muß auch der Kaufpreis erst einen Monat später gezahlt werden. Gewinn für Sie bei einem Kaufpreis von 100 000 DM und einem Zinssatz von 9 %: 750 DM.

Hinweis:
Gemeinden sind als Grundstücksverkäufer oft besonders großzügig, wenn es um die Vereinbarung eines späteren Zahlungstermins geht.

5.9 Behörden

„Ein schwieriges Kapitel“

1992, also in Zeiten großen Wohnungsmangels, wollten wir selbst einen Bauantrag für den Bau eines kleinen Mietshauses mit acht Wohnungen einreichen. Dabei ergaben sich einige Probleme, die wir zusammen mit dem zuständigen Sachbearbeiter des Bauamtes vorab lösen wollten. Auf eine unserer Fragen, ob er nicht auch eine Idee habe, wie das Stellplatzproblem zu lösen sei, antwortete er: „Ach wissen Sie – und wenn Sie das mit den Stellplätzen nicht hinbekommen – Sie müssen diesen Klotz von Haus ja nicht bauen.“ Auch wenn unser Fall kein Beispiel für die Probleme ist, die der Bauherr eines Einfamilienhauses mit dem Bauamt hat, kennzeichnet es doch ein bestimmtes Klima in einigen Behörden. Nur sehr langsam fängt man dort an zu begreifen, daß eine Behörde vom Bürger bezahlt wird und für diesen und nicht für sich selbst arbeitet.

Was hat nun aber der Geist einer Behörde mit Ihren Baukosten zu tun? Mehr als Sie denken, denn unter anderem hängt es von ihr ab, wie schnell Sie bauen und welche Auflagen Ihnen gemacht werden. Auch wenn in erster Linie Ihr Architekt für die Verhandlungen mit dem Bauamt zuständig ist, sollten Sie sich, noch bevor der

Bauantrag eingereicht wird, mit dem zuständigen Sachbearbeiter unterhalten. Fragen Sie ihn nach den städtebaulichen Wünschen seiner Behörde und danach, ob er irgendwelche Probleme bei Ihrem Bauvorhaben sieht. Machen Sie deutlich, daß Sie Ihr Bauvorhaben zügig abwickeln müssen, dabei auf seine Mithilfe angewiesen sind und selbst absolut kooperationsbereit sind.

Nach Abgabe des Bauantrages empfiehlt es sich, in regelmäßigen Abständen nachzufragen, wie es mit Ihrer Genehmigung ausschaut. Dies soll nun nicht bedeuten, daß Sie Ihren Sachbearbeiter täglich mit bohrenden Fragen nerven. Aber eine Rückfrage circa alle drei Wochen (in der normalen Sprechzeit) ist durchaus sinnvoll. Denn es ist nur allzu menschlich: Nicht der Bauantrag des besonders unauffälligen Antragstellers wird zuerst bearbeitet, sondern der des Bauherrn, der seine Ansprüche deutlich vertritt.

Und falls Sie auf einen ebensolchen „Sturkopf" wie in unserem eingangs erwähnten Beispiel treffen sollten, bewirkt es Wunder, wenn Sie sich an Vorgesetzte dieses Beamten wenden. Aber vorher sollten Sie sich intensiv um Verständigung bemüht haben.

5.10 Ortsgericht

„Hessen und Baden-Württemberger, aufgepaßt"

Für alle Hessen und Baden-Württemberger ist dieser Tip ein paar hundert Mark wert. Die wenigsten Bauherren werden ihr Grundstück und ihr Haus bar bezahlen können und müssen sich deshalb Geld bei einer Bank oder einer Bausparkasse leihen. Diese Institutionen verlangen zur Absicherung ihrer Forderungen die Bestellung einer Grundschuld. Diese Grundschuld wird in das Grundbuch, welches beim Grundbuchamt geführt wird, eingetragen. Beim Notar kann diese Grundschuldbestellung gleich bei dem Abschluß des Grundstückkaufvertrages in Auftrag gegeben werden. Das ist zwar bequem, aber teuer. Soll z.B. eine Grundschuld in Höhe von 200 000 DM bestellt werden, kostet das beim Notar ca. 400 DM. In Hessen und in Baden-Württemberg hat der Gesetzgeber als Serviceleistung für die Bürger in jeder Stadt und Gemeinde das sogenannte Ortsgericht geschaffen. Dort kann die Grundschuldbestellung gegen eine geringe Gebühr (zur Zeit sind es in Hessen 5 DM) erfolgen. Die Formulare für die Grundschuldbestellung läßt man sich am besten von der finanzierenden Bank oder Sparkasse ausfüllen und geht damit zum Ortsgericht, wo sie dann beglaubigt werden. Wann „Ihr" Ortsgericht tagt, erfahren Sie bei der Stadtverwaltung oder Gemeinde.

Aber das Ortsgericht kann noch mehr: So darf es beispielsweise auch eine Schätzung Ihres Hauses vornehmen, die wiederum um vieles preiswerter ist als die der anderen Anbieter. Genaueres zu diesem Thema erfahren Sie unter dem Stichwort „Schätzer".

5.11 Schätzer

„Eine Schätzung wirklich nur als Schätzung betrachten"

Nach Abschluß eines Bauvorhabens verlangen Banken und Bausparkassen fast immer eine Schätzung des entstandenen Bauwerks. Diese kann durch hauseigene oder unabhängige Schätzer oder aber (in Hessen und Baden-Württemberg) durch das Ortsgericht erfolgen. Jede dieser Schätzungen hat Vor- und Nachteile. Bevor wir nun darauf genauer eingehen, müssen wir uns zunächst über den Sinn und Zweck einer Schätzung klar werden. Das Kreditinstitut, das eine solche verlangt, möchte wissen, wie hoch der Beleihungswert des Grundstücks und des entstandenen Gebäudes ist. Dieser Beleihungswert liegt meist deutlich unter dem Verkehrswert. Je niedriger der Beleihungswert angesetzt wird, um so teurer verleiht das Institut sein Geld. Außerdem müssen die Banken für den Fall, daß es zu einer Zwangsversteigerung der Immobilie kommt, dieser zustimmen, wenn dabei 7/10 der Darlehenssumme erzielt werden.

Schlußfolgerung: Die Banken sind nicht daran interessiert, daß eine Schätzung zu hoch ausfällt. Deshalb werden oftmals dem Bauherrn hauseigene, relativ preiswert arbeitende Schätzer angetragen, deren Interessenlage eindeutig ist. Sie sollten diese nur akzeptieren, wenn sie kostenlos (Verhandlungssache mit der Bank) und fair arbeiten. Falls Ihnen das Ergebnis des von der Bank beauftragten Schätzers zu niedrig erscheint, müssen Sie es nicht akzeptieren. Sie können dann versuchen, zusammen mit dem Kreditinstitut eine Korrektur der Schätzung herbeizuführen, oder Sie können einen anderen Gutachter damit beauftragen, eine Gegenschätzung vorzunehmen. Wenn Ihnen etwas an einer objektiven Schätzung Ihres Hauses liegt, haben Sie die Möglichkeit, einen unabhängigen Sachverständigen damit zu beauftragen. Das ist zwar teuer (ca. 1500 DM), kann sich aber auszahlen, wenn der Kredit sich dadurch über eine lange Laufzeit verbilligt.

Für Hessen und Baden-Württemberger gibt es noch das Ortsgericht als dritte und preiswerte Alternative, das eigene Haus bewerten zu lassen. Ob dort eine Schätzung abgegeben wird, die in Ihrem Interesse ist, hängt sehr stark von dem jeweiligen Ortsgericht ab. Denn es gibt Ortsgerichte, die fast zwanghaft niedrig schätzen. Leider können wir Ihnen an dieser Stelle auch nicht sagen, welcher Schätzer für Sie der beste ist, denn die regionalen Unterschiede sind einfach zu groß. Hier ist es wichtig, daß Sie mit anderen Bauherren sprechen und Erfahrungen austauschen. Damit Sie selber zu einer realistischen Einschätzung des Marktwertes Ihres Hauses einschließlich Grundstück kommen, empfiehlt es sich, den Immobilienteil Ihrer Zeitung am Wochenende sehr genau zu studieren und die Augen nach vergleichbaren Objekten aufzuhalten. Unabhängig davon, wer Ihr Haus schätzt: Das Ergebnis sollten Sie in jedem Fall kritisch hinterfragen! Wir selbst haben es erlebt, daß eine Eigentumswohnung auf einen Wert von 180 000 DM geschätzt und eine Woche später für 320 000 DM verkauft wurde.

6 Das Grundstück

„Ein Grundstück läßt sich nicht versetzen"

Wer bauen will, braucht ein Grundstück. Während nahezu alle Fehler beim Bau Ihres Hauses zu korrigieren sind (zur Not wird das Haus abgerissen und ein neues gebaut), können Sie an Ihrem Grundstück nichts verändern. Deshalb empfiehlt es sich, die größtmögliche Sorgfalt bei der Auswahl des Grundstücks walten zu lassen.

6.1 Grundstücksgröße

„Je kleiner das Grundstück, desto schöner das Haus"

Sie träumen von einem Haus mit einem schönen Garten. Aber mal ehrlich – muß es wirklich ein Grundstück von zweitausend Quadratmeter Größe sein ? Sie sagen, der Quadratmeter Bauland kostet bei Ihnen in der Gegend nur 30 DM ? Überredet. Greifen Sie zu, denn 60 000 DM für das Grundstück bei Gesamtkosten von beispielsweise 350 000 DM sind durchaus akzeptabel.

Aber nun zum Normalfall, denn der sieht leider anders aus. Quadratmeterpreise von 200 DM bis 500 DM für Bauland sind eher die Regel als die Ausnahme. Bei diesen Preisen müssen Sie Ihr Parkgrundstück vergessen. Zudem: ein großes Grundstück hat nicht nur Vorteile. Der Pflegeaufwand ist enorm, die Grundsteuer hoch, und die Einfriedung des Grundstücks kann schnell ein kleines Vermögen verschlingen. Auch werden Anliegergebühren in manchen Gemeinden nach der Länge der Straßenfront berechnet.

Deshalb unser Rat:
Kaufen Sie ein kleines Grundstück mit einer möglichst kurzen Straßenfront. Je weniger Geld Sie für Ihr Grundstück ausgeben,

desto größer ist Ihr Freiraum bei der Gestaltung Ihres Hauses. Ein Grundstück von 300 qm reicht für ein durchschnittliches Einfamilienhaus völlig aus. Noch kleiner kann das Grundstück sein, wenn Sie sich entschließen, ein Reihen- oder Doppelhaus zu bauen. (Mehr Informationen zum Thema „Flächensparendes Bauen“ finden Sie im Kapitel „Vorplanung Gebäude“.

6.2 Folgekosten

„Ein billiges Grundstück kann Sie teuer zu stehen kommen“

Grundstücke auf dem Land sind billiger als in der Stadt. Aber bedenken Sie: Wenn Sie nicht freiberuflich und kinderlos sind, kann Sie das billige Grundstück in ländlicher Umgebung teuer zu stehen kommen. Wichtigster kostentreibender Faktor ist dabei der oftmals schlechte Ausbau der öffentlichen Verkehrsmittel auf dem Land. Denn dies bedeutet praktisch:

- Jeder Erwachsene im Haushalt möchte ein eigenes Fahrzeug zur Verfügung haben. Dabei entstehen Kosten von ca. 500 DM pro Monat und Wagen.
- Jede Fahrt zur Arbeit kostet Zeit und Geld.
- Jede Aktivität der Kinder betrifft die Eltern: hinfahren, abliefern, nach Hause fahren, wieder hinfahren, warten, abholen.
- Alle Erledigungsfahrten, vom Einkauf bis zum Opernbesuch, kosten auf dem Land mehr Zeit als in der Stadt.

Deshalb unsere Empfehlung: Machen Sie eine Vergleichsrechnung auf.
- Wieviel billiger ist das Grundstück auf dem Land als in der Stadt?
- Welche Kosten kommen zusätzlich auf Sie und Ihre Familie zu, wenn Sie ländlich wohnen?

- Prüfen Sie sich und Ihre Familie: Wieviel Zeit können und wollen Sie opfern, um die oft schlechte Verkehrsanbindung und mangelhafte Infrastruktur auszugleichen?

6.3 Wertentwicklung und Wiederverkaufsmöglichkeiten

„Je besser die Lage des Grundstücks, um so leichter und teurer läßt es sich wieder verkaufen“

„Was interessiert mich die Wertentwicklung meines Grundstücks. Ich möchte auf diesem Stück Land ein Haus bauen und dort alt werden!“ Das wünschen wir Ihnen auch. Aber – unverhofft kommt oft. So kann beispielsweise ein Ortswechsel aus beruflichen Gründen unumgänglich werden. Spätestens dann interessiert es Sie, ob Sie Ihr bebautes oder unbebautes Grundstück problemlos mit einem schönen Gewinn (der übrigens steuerfrei ist, wenn es sich zwei Jahre in Ihrem Besitz befand) wieder veräußern können.

Der Wertzuwachs von bebauten und unbebauten Grundstücken ist in der Regel höher bei

- guter Stadtlage
- sonniger Lage
- gewachsener Umgebung
- ruhigem, reinem Wohngebiet
- guter Verkehrsanbindung
- hohem Freizeitwert
- guter ärztlicher Versorgung
- nahegelegenen Einkaufsmöglichkeiten
- einer guten sozialen Infrastruktur.

Nicht nur wegen des zu erwartenden höheren Wertzuwachses sollten Sie keine Kompromisse eingehen, wenn es um die Lichtverhältnisse, die Geräuschkulisse und die gesunde Luft Ihres zukünftigen Grundstückes geht. Denn Sie können sich vieles kaufen, nicht jedoch Ruhe, gute Luft und Licht.

Extratip:
Ob Sie ohne Mehrkosten ein lichtdurchflutetes Haus bauen können,

hängt stark davon ab, ob das Grundstück eine Ost-West- oder eine Süd-Nord-Ausrichtung hat. Letzterer ist dabei unbedingt der Vorzug zu geben, denn nur dann scheint die Sonne in die (sinnvollerweise) zur Gartenseite hin gelegenen Räume wie Wohn-, Eß- und Kinderzimmer am längsten.

6.4 Abrißgrundstück

„Ein Handel voller Chancen und Risiken"

Der Erwerb von sogenannten Abrißgrundstücken ist eine Möglichkeit, ein preiswertes Grundstück zu erwerben, errechnet sich der Wert des Grundstücks doch nach der Formel:

Grundstückswert = ortsüblicher Quadratmeterpreis minus Abrißkosten

Aber Vorsicht! Abfallbeseitigung wird immer teurer, und ein altes Haus kann viele Überraschungen bergen.

Beispiel: Ein Bauingenieur kauft ein Haus des Baujahres 1983, um es abreißen zu lassen. Die Abrißkosten werden mit 50 000 DM angesetzt. Bei den Arbeiten stellt sich heraus, daß die Dächer mit asbesthaltigen Platten (ein Baustoff, der 1983 eigentlich nicht mehr üblich war) gedeckt wurden. Zusätzliche Kosten für die Entsorgung der Platten: 20 000 DM.

Deshalb unser Rat:

- Machen Sie mit Hilfe eines praxisnahen Fachmanns vor dem Kauf des Abrißgrundstücks eine genaue Bestandsaufnahme des Gebäudes.

- Lassen Sie sich von verschiedenen Abbruchunternehmen verbindliche Kostenvoranschläge geben.

• Lassen Sie von Ihrem Architekten unbedingt klären, wie und was Sie nach dem Abriß des Gebäudes auf dem Grundstück bauen dürfen. Sie ersparen sich unter Umständen eine böse Überraschung. Denn besonders in alten Wohngebieten kann es sein, daß man zwar dem Abriß eines an einer Grundstücksgrenze errichteten Gebäudes zustimmt, aber keine Genehmigung für Ihren Neubau (bei gleichem Umriß) erteilt.

Hinweis: Der Abriß eines Gebäudes ist genehmigungspflichtig. Ohne das Vorliegen einer solchen Genehmigung kann er Sie teuer zu stehen kommen. Besonders wenn es sich um ein Bauwerk handelt, das unter Denkmal- oder Ensembleschutz steht.

Übrigens: Beim Abriß des Gebäudes haben Sie die Möglichkeit, durch Eigenleistung sehr viel Geld zu sparen. Kann der Abriß eines Hauses doch entweder nach dem (nicht mehr zeitgemäßen) Motto erfolgen: Abrißbirne her, alles platt machen, aufladen und ab auf die Deponie. Oder aber man geht behutsamer vor und trennt beim Abriß sorgfältig alle Materialien und führt sie, wenn irgend möglich, der Wiederverwertung zu. Auf diese Weise wird die Umwelt geschont, und Sie können erhebliche Deponiegebühren sparen. Sind doch die Preise der Mülldeponien für die Annahme unsortierten Abfalls in der Regel doppelt so hoch wie bei sortiertem Abfall. Der Nachteil dieser Methode ist ihre Personalintensität. Aber genau hier können Sie ja einspringen. Ein steuerlicher Nachteil des Abrißgrundstücks sei Ihnen jedoch nicht verschwiegen: Die Kosten für den Abriß gehören für das Finanzamt zu den Anschaffungskosten für das Grundstück und können somit nicht von der Steuer abgesetzt werden.

6.5 Bodendenkmäler

„Vorsicht, denk mal!"

Sie haben ein Grundstück gekauft. Die Baugenehmigung liegt vor. Der Bagger fängt an, die Baugrube auszuheben. Und dabei werden die Bauarbeiter fündig: Tonscherben, offensichtlich alt, und Mauerreste. Die Bauarbeiten werden eingestellt, die Archäologen eingeschaltet, an Sie und Ihre knappe Kasse denkt niemand mehr. Nur langsam wird Ihnen Ihre mißliche Lage bewußt. Der Gesetzgeber schreibt nämlich vor, daß Bauherren archäologische Grabungsarbeiten auf ihrem Grundstück dulden müssen. In manchen Bundesländern ist sogar eine Beteiligung des Bauherrn an der Finanzierung dieser Arbeiten vorgesehen! Dies bedeutet, daß Sie Ihren ganzen wunderbaren Zeitplan und damit auch einen Teil Ihrer Budgetplanung vergessen können.

Die Beschreibung des Krisenmanagements für diesen Fall sprengt den Rahmen dieses Buches. Wir können Ihnen nur raten, beim Kauf eines Grundstücks in einer geschichtsträchtigen Gegend größte Vorsicht walten zu lassen. Denn nur allzu leicht wird dabei der finanzielle Rahmen Ihres Bauvorhabens gesprengt.

6.6 Nachbarschaft

„Es kann der Frömmste nicht im Frieden bleiben, wenn es dem bösen Nachbar nicht gefällt."

Sie besichtigen Ihr neues Grundstück zum ersten Mal. Der Nachbar auf der einen Seite grüßt Sie freundlich. Der andere Nachbar dagegen steht mit dem Gewehr im Anschlag am Fenster und fixiert Sie. Das interessiert mich nicht, sagen Sie, ich will mit meinen Nachbarn nicht viel zu tun haben. Es sollte Sie aber sehr interessieren. Denn in dem Moment, in dem Sie den Bauantrag einreichen, sind Sie auf Ihren Nachbarn angewiesen. Zwar wird er Ihr Bauvorhaben, welches allen gesetzlichen Bestimmungen genügt, letztendlich nicht verhindern, aber er kann gegen Ihre Baugenehmigung Einspruch einlegen – was Sie unter Umständen viel Geld und reichlich Nerven kosten wird. Denn während Ihr Nachbar mit seinem Einspruch vergnügt durch alle Instanzen ziehen kann (so er eine Rechtsschutzversicherung hat, ist das für ihn völlig kostenfrei), müssen Sie für Ihren Rechtsbeistand zahlen. Bei einem entsprechend hohen Streitwert können dabei ganz schnell enorme Summen zustande kommen. UND – traurig, aber wahr – unabhängig vom Ausgang der Rechtsstreitigkeit ist es ungewiß, ob Sie dieses Geld jemals wiedersehen. Deshalb unser dringender Rat: Hände weg von Grundstücken mit bösartiger Nachbarschaft! Ob es sich um einen bösartigen Nachbarn handelt, läßt sich am besten herausfinden, indem Sie sich bei den Anliegern und den Vorbesitzern des Grundstücks umhören.

Wollen Sie sich trotz unserer dringenden Empfehlung doch auf dieses Wagnis einlassen, handeln Sie wenigstens einen kräftigen Preisnachlaß heraus, und machen Sie sich auf einiges gefaßt.

6.7 Bebaubarkeit

„Grundstücke für Hochhäuser sind teuer."

Eigentlich trivial, aber ein Grundstück von 1000 qm Größe, auf dem ein Hochhaus errichtet werden darf, kostet mehr als ein ebenso großes, auf dem nur ein Einfamilienhaus gebaut werden darf. Je weniger Wohn- und Nutzfläche Sie auf einem Grundstück errichten dürfen, desto preiswerter können Sie es erwerben.

Dies bedeutet praktisch: Ein großes Grundstück kann für Sie erschwinglich werden, weil es nicht intensiv bebaut werden darf und damit für Bauträger uninteressant ist. Derartige Grundstücke finden Sie gelegentlich in „gewachsenen“ Wohnvierteln, in denen vorwiegend Einfamilienhäuser stehen, deren Besitzer sich oft gegen eine intensivere Nutzung der Nachbargrundstücke wehren.

Auch der ungünstige Zuschnitt eines Grundstücks kann dessen Preis drücken, obwohl ein kreativer Architekt gerade auf derartigem Gelände besonders reizvolle Gebäude planen kann. Bevor Sie aber einen solchen „Problemfall“ erwerben, sollten Sie unbedingt mit einem Architekten sprechen. Denn nur er kann die Folgekosten der Bebauung eines ungünstig geschnittenen Grundstücks abschätzen.

So gibt es einige Eigenschaften von Grundstücken, die es zwar nicht unbebaubar machen, jedoch die Baukosten unter Umständen enorm in die Höhe treiben.

Beispiel 1: Liegt ein Grundstück in einem Gebiet mit hohem Grundwasserspiegel, müssen beim Bau eines unterkellerten Gebäudes besondere bautechnische Maßnahmen ergriffen werden, um den Keller wasserdicht zu machen (das Kellergeschoß muß dazu als Betonwanne ausgebildet werden).

Mehrkosten: ca. 15 000 DM.
Kostensparender Ausweg: ein Haus ohne Keller bauen.

Beispiel 2: Bei schlecht tragfähigen Böden können zusätzliche Gründungsmaßnahmen erforderlich werden, um die Standsicherheit des Gebäudes zu gewährleisten. Lassen Sie sich von Ihrem Architekten beraten, ob er die Anfertigung eines Bodengutachtens für nötig hält.

Beispiel 3: Wenn öffentliche Kanalrohre höher liegen als die Abwasserrohre in Ihrem zukünftigen Haus, müssen die Abwässer zunächst gesammelt werden und dann durch eine Hebeanlage in das Kanalnetz gepumpt werden. Neben den Kosten für eine Hebeanlage von ca. 5000 DM muß diese später regelmäßig gewartet werden und beansprucht im Haus eine schalldichte Fläche von etwa 2 Quadratmetern.

Kostensparende Lösung: Meist wird eine Hebeanlage schon überflüssig, wenn Sie darauf achten, daß im Untergeschoß des Hauses kein Abwasser anfällt, also keine Sanitär- oder Haushaltsräume geschaffen werden.

Beispiel 4: Hanggrundstücke kommen für preisbewußte Bauherren selten in Frage. Sie sind oft schon allein wegen der schönen Aussicht teurer als ebenerdig gelegene Grundstücke, und die Hanglage verursacht in jedem Fall auch noch höhere Baukosten. Wenn Sie aber das durch die Hanglage besser belichtete Untergeschoß als vollwertigen Wohnraum nutzen, kann ein solches Grundstück auch für Sie, als genau kalkulierenden Bauherrn, in die Wahl kommen.

Beispiel 5: Ein wunderschönes Parkgrundstück ist wegen der alten Bäume oft unbebaubar, denn in vielen Gemeinden gibt es eine Baumschutzsatzung. Falls zur Verwirklichung Ihrer Pläne alter Baumbestand gefällt werden müßte, sollten Sie in jedem Fall vor dem Kauf abklären, ob dies genehmigungsfähig ist.

Beispiel 6: Die Erschließung eines Grundstücks kann auf die Höhe der Baukosten ebenfalls einen großen Einfluß haben. Besonders wenn Sie noch nicht vorhanden ist und Sie für die Kosten der Zufahrt selbst aufkommen müssen.

Auch für die Handwerker ist es einfacher und damit billiger, wenn sie direkt an die Baustelle fahren können und nicht jede Fliese über Stock und Stein und wackelige Bohlen in Ihr zukünftiges Badezimmer tragen müssen.

6.8 Grundstückssuche

„Vermittler, die Sie nicht in Anspruch nehmen, müssen Sie auch nicht bezahlen"

Bei der Grundstückssuche gibt es verschiedene Möglichkeiten, Geld zu sparen:

- Versuchen Sie, Ihr Grundstück ohne Vermittler zu finden. Bei einem Grundstück, das 150 000 DM kosten soll, können Sie so bis zu 10 000 DM sparen. Und falls Sie doch einen Makler einschalten, sollten Sie diejenigen bevorzugen, die sich, wie in Frankreich üblich, die Provision vom Verkäufer bezahlen lassen.

- Werden Sie aktiv. Das Studium der regionalen und überregionalen Zeitungen am Wochenende ist Pflicht. Auch in den kostenlos verteilten Anzeigenblättern werden gelegentlich unter dem Motto „von Privat an Privat" interessante Grundstücke angeboten.

- Wenden Sie sich an die Gemeinde oder Stadt, in der Sie in Zukunft wohnen möchten. Grundstücke werden dort an bauwillige Privatpersonen manchmal zur Hälfte des auf dem freien Markt üblichen Preises vergeben.

- Inserieren Sie selbst. Eine Anzeige in der Rubrik „Immobiliengesuche" kostet nur ein paar Mark und kann Ihnen die deutlich höhere Vermittlerprovision ersparen.

- Gehen Sie in der von Ihnen bevorzugten Wohngegend spazieren. Sprechen Sie die Besitzer von unbebauten Grundstücken direkt an, und fragen Sie, ob sie an einem Verkauf interessiert sind.

- Reden Sie über Ihre Grundstückssuche mit Freunden und Bekannten? Schon so manches Grundstück hat auf diesem Weg einen neuen Besitzer gefunden.

Extratip: Eine Möglichkeit, vielleicht doch noch auf einem schönen Grundstück in einer Gegend zu bauen, in der die Grundstückspreise Ihren finanziellen Spielraum eigentlich übersteigen, ist die Erbpacht. Dabei pachten Sie Ihr Grundstück für relativ wenig Geld vom Eigentümer für die Dauer von ca. 99 Jahren und errichten darauf Ihr Haus. Neben Städten und Gemeinden wird diese Möglichkeit gelegentlich auch von der Kirche angeboten. Sie ist in Deutschland (was weitgehend unbekannt ist) der größte Grundbesitzer. Falls Sie Kirchenmitglied sind, sollten Sie also während Ihrer Grundstückssuche unbedingt auch beim Pfarrer oder beim kirchlichen Rentamt vorbeischauen und nach Erbbaugrundstücken fragen.

6.9 Informationen

„Neugier ist eine Tugend"

Auch wenn es am Anfang ein wenig Überwindung kostet: Sobald Sie sich für ein spezielles Grundstück interessieren, sollten Sie neugierig werden und alle Fragen stellen, die Ihnen durch den Kopf gehen. Antwort geben können dabei oft Grundstücksnachbarn, das zuständige Bauamt sowie Geschäfts- und Wirtsleute vor Ort. Hier ein kleiner Katalog von Fragen, die Sie unbedingt stellen sollten, um Überraschungen zu vermeiden, die Sie teuer zu stehen kommen können:

War das Grundstück schon einmal bebaut? Wenn ja –
mit welcher Art von Gebäude ?

Gibt es Hinweise auf eine Schadstoffbelastung des Bodens ?

Lag das Grundstück während des zweiten Weltkriegs in einem Bombenabwurfgebiet ? (Bilder, auf denen die Bombentrichter zu sehen sind, können bei den Lichtbildstellen der Städte eingesehen werden.)

Haben Grundstücksnachbarn auch bei heftigem Regen trockene Keller ?

Wie sieht die Verkehrsplanung im Umkreis Ihres Grundstücks von 200 m aus ?

Gibt es ständige oder periodisch auftretende Lärm- und Geruchsbelästigungen ?

Liegt das Grundstück in einem reinen Wohngebiet?
(In Gewerbe-, aber auch in Mischgebieten ist unter Umständen mit einer erhöhten Lärm- und Geruchsbelästigung zu rechnen!)

Gibt es ausreichende öffentliche Verkehrsmittel?
Wie sieht es aus mit Fernwärme, Kabelanschluß, und Glasfaserverkabelung ?

Ist die Versorgung mit den Lebensmitteln zu Fuß möglich ?

Welche Ärzte und Schulen sind am Ort ?

Wie oft und in welcher Entfernung läuten die Kirchenglocken ?

6.10 Besichtigung

„Augen auf!"

Grundstücksbesichtigung – das Wetter ist wunderschön, „Ihr Bauland" eine traumhafte Blumenwiese, und der Verkäufer erzählt Ihnen, wie begehrt genau dieses Grundstück ist.

Aber Vorsicht! Bei aller Liebe zur Blumenwiese: Ihr Ziel sollte es sein, möglichst alle positiven und negativen Aspekte des Grundstücks zu registrieren und so sachlich wie irgend möglich zu bewerten. Dies bedeutet natürlich nicht, daß jeder negative Aspekt eines Grundstücks dieses für Sie völlig uninteressant machen muß (zudem ist die Wahrscheinlichkeit, ein makelloses Baugrundstück zu finden, gering). Unter Umständen kann ein Mangel des Grundstücks (der Sie nicht stört) sogar dazu dienen, beim Verkaufsgespräch den Preis zu drücken. Um zu einer sachlichen Einschätzung des Grundstücks zu gelangen, brauchen Sie neben den Informationen (siehe die Kapitel „Grundstückssuche“ und „Informationen“) in erster Linie Ihre Augen und einen kritischen Verstand. Wir wissen von vielen Fällen, in denen Bauherren negative Eigenschaften des Baulandes erst nach dem Einzug in das neue Haus wahrgenommen haben und nun mit diesen Mängeln leben müssen.

Deshalb unsere Ratschläge für Sie:
Besichtigen Sie das Grundstück bei Tag und Nacht, bei Sonne und Regen, an Sonn-, Wochen- und Feiertagen. Sperren Sie Augen, Ohren und Nase weit auf, und versuchen Sie, die Antworten auf die im Kapitel „Informationen“ aufgeführten Fragen selbst zu finden. Denn – für keinen auch noch so seriösen Berater hat die Grundstückswahl *die* Bedeutung wie für Sie.

7 Gebäudeplanung

7.1 Hausgröße

„Wohnfläche, die Sie nicht bauen, müssen Sie nicht bezahlen"

Eines vorab: Das preiswerte Haus, das für alle Bauinteressierten gleich gut geeignet ist, gibt es nicht, denn Lebensumstände und Wünsche der zukünftigen Bewohner sind individuell sehr unterschiedlich. Während für die eine Familie das Haus möglichst klein sein sollte, empfiehlt sich vielleicht für eine andere Familie, ein Zweifamilienhaus mit Einliegerwohnung zu bauen. Von den vielen Konzepten, die es gibt, wollen wir nachfolgend einige vorstellen.

7.1.1 Das wachsende Haus

Eine gute Möglichkeit, schon in sehr jungen Jahren ins eigene Heim zu ziehen und keine Miete mehr zu zahlen, bietet der Bau eines wachsenden Hauses. Der Architekt plant zunächst ein kleines Häuschen mit beispielsweise drei Zimmern, Küche und Bad. Er denkt bei seiner Planung dabei aber schon an den späteren Anbau und läßt daher Leitungen und vielleicht sogar Fundamente so verlegen, daß die Erweiterung in einigen Jahren mit einem möglichst geringen Aufwand durchgeführt werden kann.

7.1.2 Das Ausbauhaus

Anders als beim wachsenden Haus wird hier das Gebäude in der endgültigen Größe gebaut, aber nicht vollständig ausgebaut (oft ist dies beim Dachgeschoß der Fall). Der kostensparende Effekt dieses Modells ist zwar nicht besonders groß. Aber gerade für handwerklich geschickte Bauherren bietet sich diese Lösung an, um je nach Zeit und Kassenstand den Wohnraum zu vergrößern. Auch wenn die Einsparmöglichkeiten im Vergleich zu dem „wachsenden Haus" geringer sind, hat das Ausbauhaus einen Vorzug. Dadurch, daß die äußere Hülle steht, brauchen Bauherren keine Bedenken zu haben, daß ihnen Änderungen des Baurechts (z.B. hinsichtlich Abstandsregelungen) oder auch Ärger mit einem Nachbarn in ein paar Jahren einen Strich durch die Anbaupläne machen.

7.1.3 Größer bauen und vermieten

Anders kann eventuell *der* preisbewußte Bauherr vorgehen, der gut verdient, seine Steuerbelastung senken und früh ins eigene Heim ziehen möchte. Für ihn kann es sich lohnen, statt eines Einfamilienhauses ein Zweifamilienhaus zu bauen. Die zweite Wohneinheit kann er dann erst einmal vermieten (und dabei Steuern sparen), um sie später einmal für seine Kinder oder Eltern bereitzustellen. Die Entscheidung für oder gegen diese Lösung sollte er zusammen mit seinem Steuerberater treffen.

7.2 Flächensparendes Bauen

„Extrem preiswert"

7.2.1 Reihenhaus

Wenn es nach den Wünschen der Bundesregierung geht, soll flächensparend gebaut werden, und Ihr Wunsch ist es, preiswert zu bauen. Mit einem Reihenhaus läßt sich beides erreichen. Denn gegenüber einem freistehenden Einfamilienhaus ist ein Reihenhaus bei gleicher Wohnfläche erheblich billiger. Dies liegt unter anderem daran, daß Sie für ein Reihenhaus nur ein sehr kleines Grundstück benötigen. Zudem müssen Sie nur die Hälfte an aufwendig gestalteten Außenwänden bezahlen, und es wird bei diesen Häusern meist kostengünstig eher in die Höhe als in die Breite gebaut wird.

Reihenhäuser sind außerordentlich preiswert zu errichten. Die Probleme sind hier ganz anderer Natur. Grundstücke, die sich zur Bebauung mit Reihenhäusern eignen, werden meist von den Gemeinden an Bauträger vergeben. Diese errichten dann kostengünstig Reihenhäuser und verkaufen sie mit Gewinn (was völlig berechtigt ist!). Wir selbst haben es erlebt, daß eine Gemeinde versuchte, einen anderen Weg zu gehen. Sie verkaufte kleine Grundstücke an bauwillige Interessenten mit der Auflage, darauf ein selbstgenutztes Reihenhaus zu errichten. Die Gemeinde wollte damit erreichen, daß der Gewinn, den normalerweise die Bauträger (s.o.) beim Bau und Verkauf von Reihenhäusern erzielen, den Bauherren zufließt. Das Ergebnis dieses Versuches war leider unbefriedigend, denn jeder Bauherr wollte seine individuelle „Reihenhausvilla" verwirklichen. An eine kostensparende Einheitlichkeit der Häuser, geschweige denn an eine zeitliche Koordinierung der Arbeiten war so nicht zu denken. Mit der Folge, daß es gegenüber freistehenden Einfamilienhäusern keine Kostenersparnis gab.

Für Ihre Planung bedeutet dies: Um bei Ihrem Haus den „Reihenhausspareffekt" zu erzielen, brauchen Sie Mitstreiter, die auch das Ziel verfolgen, ein möglichst preiswertes Haus zu errichten. Und dazu müssen Sie aktiv werden. So können Sie bei Ihrer Gemeinde nachfragen, ob entsprechende Anfragen von Bauwilligen vorliegen. Sie können eine Zeitungsanzeige aufgeben, in der Sie nach Baupartnern suchen. Selbstverständlich sollten Sie sich auch in Ihrem Bekanntenkreis umhören. Wenn Sie dann Ihre Partner gefunden haben, müssen Sie sich zusammen auf Grundstückssuche begeben. Dabei können Sie so vorgehen, wie wir es im Kapitel „Grundstück" beschrieben haben. Billiger wird die Angelegenheit aber, wenn Sie eine Stadt oder Gemeinde dazu bringen, Ihnen ein Grundstück, das sich zur Bebauung mit Reihenhäusern eignet, zu verkaufen. Unproblematischer und schneller funktioniert das Ganze jedoch, wenn Sie mit einem in Ihrem Besitz befindlichen Grundstück auf Partnersuche gehen.

Bei der Partnerwahl für gemeinsame Baupläne sollten Sie darauf achten, daß Sie sich mit Leuten zusammenschließen, die in erster Linie preiswert und nicht möglichst individuell und protzig bauen wollen. An den gemeinsam zu engagierenden Architekten sind dabei erhöhte Anforderungen zu stellen. Denn er muß 3 oder mehr Bauherrenfamilien unter einen Hut bringen, und das ist alles andere als einfach.

Wenn Sie all diese Hürden meistern und darauf verzichten, ein durch und durch individuelles Haus zu bauen, werden Sie mit einem Reihenhaus extrem viel Geld sparen. Denn zu den o.g. Vorzügen kommt noch, daß Sie beim Reihenhausbau preisgünstige, industriell vorgefertigte Bauteile verwenden können, die zudem die Bauzeit verkürzen.

7.2.2 Doppelhaus

Ein Doppelhaus stellt in vielerlei Hinsicht ein Zwischending zwischen Reihen- und freistehendem Einfamilienhaus dar. Zwar sind die Einsparmöglichkeiten wesentlich geringer als beim Reihenhaus. Dafür läßt sich aber viel leichter ein geeigneter Partner und ein entsprechendes Grundstück finden.

7.3 Vorplanung

„Ohne Vorarbeiten geht es nicht"

Bevor Sie sich ernsthaft an eine Ihrer in nächster Zeit wahrscheinlich liebsten Beschäftigungen, das Zeichnen von Grundrissen, machen, sollten Sie einige Vorarbeiten geleistet haben.

So sollte unbedingt feststehen, wieviel Geld Ihnen nach dem Erwerb des Grundstücks für den Bau Ihres Hauses einschließlich der Nebenkosten zur Verfügung steht und wie Ihr Bedarf an Wohnraum in den nächsten fünf Jahren aussieht. Auf der Basis dieser Angaben kann dann Ihr Architekt arbeiten und ein ganz auf Ihre Bedürfnisse und Möglichkeiten zugeschnittenes Haus planen.

7.4 Wieviel Geld dürfen Sie für Ihr Haus ausgeben?

„Immer wieder heißt es rechnen!"

Hier nun ein Beispiel dafür, wie Sie herausfinden, welcher Geldbetrag für Ihren Bau zur Verfügung steht:

Allein oder zusammen mit Ihrem Steuerberater haben Sie bereits ermittelt, daß Ihr Bauvorhaben insgesamt nicht mehr als beispielsweise 380 000 DM kosten darf. Wenn Sie unserer Empfehlung folgen, ziehen Sie davon 10 %, also 38 000 DM, als Sicherheitspolster ab. Es bleibt Ihnen demnach ein Betrag von 342 000 DM für den Erwerb des Grundstücks, die reinen Baukosten und die Baunebenkosten. Sie befinden sich in unserem nachfolgenden Beispiel in dem Stadium kurz nach Erwerb des Grundstücks (angesetzter Preis 82 000 DM) und verfügen noch über die stattliche Summe von 260 000 DM. „Für diesen Betrag kann ich jetzt also mein Haus bauen?" fragen Sie. Leider nein, denn eine große Zahl von Nebenkosten, die mit dem eigentlichen Hausbau nichts zu tun haben, kommen auf Sie zu. Deshalb gilt es, noch einmal 30 % von o.g. Summe für diese abzuziehen, so daß Ihnen 182 000 DM für die reinen Baukosten bleiben.

Bevor wir jetzt an die Ermittlung Ihres Wohnflächenbedarfes gehen, empfehlen wir Ihnen festzustellen, wieviel Wohnfläche Sie sich ungefähr leisten können. Denn es nützt nichts, wenn Sie auf einen Bedarf von 200 m² Wohnfläche kommen, das Geld aber nur für 80 m² reicht. Um also festzustellen, wieviel Quadratmeter Wohnfläche Sie sich bei Ihrem Budget bei den derzeitigen Baukosten leisten können, müssen Sie rechnen. Wie das geht, verdeutlichen wir an zwei Beispielen, wobei wir im ersten Fall ein unterkellertes Haus und im zweiten Fall ein nicht unterkellertes Haus vorgesehen haben.

Beispielrechnung 1, Haus mit Keller:
Summe, die für den Bau zur Verfügung steht: 182 000 DM
Baukosten pro Quadratmeter Wohnfläche: 2350 DM
183 400 DM geteilt durch 2350 DM ergibt 78 m^2 Wohnfläche, die Sie sich bei einem unterkellerten Haus leisten können.

Beispielrechnung 2, Haus ohne Keller:
Summe, die für den Bau zur Verfügung steht: 182 000 DM
Baukosten pro Quadratmeter Wohnfläche: 2050 DM
183 400 DM geteilt durch 2050 DM ergibt 90 m^2 Wohnfläche, die Sie sich bei einem nicht unterkellerten Haus leisten können (ob Sie die 5 qm nachzuweisenden Abstellraumes in den 90 m^2 „unterbringen" oder anderweitig bereitstellen, bleibt Ihnen überlassen).

Aus diesen beiden Wohnflächen, die Sie sich leisten könnten (78 m^2 bei einem unterkellerten und 90 m^2 bei einem nicht unterkellerten Haus) ergibt sich zwangsläufig die erste Frage bei der Feststellung Ihres Raumbedarfes:

„Keller oder nicht Keller – das ist hier die Frage"

„Machen Sie es wie unsere Nachbarn in Holland. Verzichten Sie auf den Keller, und Sie werden ein billiges Haus bauen." Leider etwas zu einfach gedacht. Denn was bei dieser Argumentation meist vergessen wird: Grundsätzlich ist es zwar richtig, daß ein Haus ohne Keller billiger ist als ein Haus mit Keller. Unsere Nachbarn verzichten auf den Keller aber nicht in erster Linie wegen des Preises, sondern weil der Grundwasserspiegel fast überall so hoch ist, daß ein Keller nur mit einem hohen bautechnischen Aufwand trocken gehalten werden kann.

Deshalb – bevor Sie sich grundsätzlich für oder gegen einen Keller entscheiden – sollten Sie Ihr Grundstück prüfen. Wenn es sich bei Ihrem Grundstück um ein Gelände mit einem hohen Grundwasserspiegel oder felsigem Untergrund handelt, ist es richtig, auf einen Keller zu verzichten, denn er würde unverhältnismäßig teuer.

Ist Ihr Bauplatz dagegen eher klein und der Boden trocken, kann es, einen entsprechenden Raumbedarf vorausgesetzt, sinnvoll sein, ein unterkellertes Haus zu bauen. Oft wird dies bei Hanggrundstücken der Fall sein. Denn hier kann auf der dem Tal zugewandten Seite im „Keller" ohne Mehrkosten Wohnraum geschaffen werden.

Für eine Unterkellerung Ihres Hauses spricht, daß damit Nutzfläche geschaffen wird. Heizung, Waschmaschine, Tiefkühltruhe, Sport- und Gartengeräte können dort untergebracht werden. Und in Zeiten zunehmender Bodenversiegelung muß im Falle eines relativ kleinen Grundstücks nicht noch mehr Fläche für Abstellräume oder Gartenhäuschen abgezweigt werden.

Und wenn man dann noch bedenkt, daß sich in den dank moderner Bautechnik warmen, trockenen (und damit nicht ganz billigen) Kellern von heute unter bestimmten Voraussetzungen ohne großen Mehraufwand vollwertiger Wohnraum schaffen läßt... Große Fenster statt der Kellerfenster eingebaut (bei entsprechender Modellierung des Geländeverlaufs kein Problem), Estrich verlegt, Heizung installiert – und entstanden sind vollwertige Wohnräume mit einem direkten Blick in den Garten. Vielleicht nicht jedermanns Sache, aber wir selbst erinnern uns an ein Schlafzimmer im Keller, in dem wir dank der phantastischen Ruhe (Erdreich ist ein sehr guter Schalldämpfer) so gut wie nie zuvor geschlafen haben.

Auf der anderen Seite – in vielen Kellern wird oft nichts weiter als Ramsch gelagert, oder es wird ein selten genutzter Hobbyraum eingerichtet, um den Raum irgendwie zu nutzen. Dabei ließe sich für wenig Geld dieser Nutzraum auch nachträglich in Form einer Garage oder eines Gartenhäuschens schaffen und so das Geld für den Keller sparen. Bei unseren Beispielrechnungen werden wir davon ausgehen, daß Sie auf den Keller verzichten und sich daher 90 m² Wohnraum leisten können. Wir empfehlen Ihnen aber, das „Kellerthema" mit Ihrer Familie und Ihrem Architekten intensiv zu diskutieren und durchzurechnen, unter anderem, weil der nachträgliche „Einbau" eines Kellers zwar möglich, aber teuer ist.

7.5 Ihr Wohnraumbedarf

„Jeden Quadratmeter, den Sie nicht bauen, müssen Sie auch nicht bezahlen."

Eine Bemerkung vorweg – Sie müssen die in unserem Beispiel errechneten finanziell möglichen 90 m^2 Wohnraum nicht bauen. Diese Zahl bildet nur die Obergrenze an Wohnfläche, die Sie nicht überschreiten, aber jederzeit unterschreiten können. Denn eines ist sicher – jeden Quadratmeter Wohnraum, den Sie nicht bauen, müssen Sie auch nicht bezahlen. Auch wenn der einzelne Quadratmeter etwas billiger wird, wenn die Wohnfläche insgesamt größer ist: weniger ist in jedem Fall billiger. Wenn Sie beispielsweise statt der oben genannten 90 m^2 nur 80 m^2 Wohnfläche bauen, ergibt dies eine Ersparnis von ungefähr 18 000 DM. Mit diesem Geld läßt sich das Haus aufwendiger ausstatten, oder unser Lieblingsgedanke: Sie müssen weniger Geld aufnehmen und abbezahlen, wodurch Sie wiederum weniger arbeiten müssen und mehr freie Zeit in Ihrem Haus verbringen können.

Aber jetzt geht's weiter mit dem Raumprogramm.
Dazu ist es wichtig, daß jedes Familienmitglied seine Wünsche im Hinblick auf das Raumangebot des neuen Hauses äußert. Weniger bedeutsam, als die absolute Raumgröße in Quadratmetern festzulegen, ist es die Bedeutung und Funktion von Räumen für die Familie zu erfassen. So hat ein Junggeselle, der in Gaststätten ißt, andere Ansprüche an seine Küche als eine vierköpfige Familie, die gerne zu Hause kocht.

Bevor Sie sich daranmachen, Ihr Raumprogramm im Detail aufzustellen, sollten Sie mit der ganzen Familie über einige Punkte nachdenken und diskutieren. Denn wir sind uns sicher, daß Sie Ihre 90 m^2 Wohnraum besser ausnutzen, wenn Sie vorher ein paar überkommene Vorstellungen über Bord werfen.

7.6 Wohntraditionen

„Können Sie teuer zu stehen kommen!"

Noch vor wenigen Jahren gab es innerhalb der Familie eine klare Rollenverteilung. Die Frau war für den Haushalt und die Kinder zuständig, während der Mann das Geld verdiente. Dies hat sich zunehmend geändert. Berufstätige Frauen verdienen heute fast genausoviel wie Männer, und es gibt Familien, in denen der Haushalt und die Kinder gemeinsam von Mann und Frau versorgt werden.

„Schön und gut – aber was hat das mit meinem Raumprogramm zu tun?" Die Frage ist berechtigt. Um sie zu beantworten, schauen wir uns einmal eine typische Wohnung an, gebaut in den Nachkriegsjahren. Da ist zunächst das große, repräsentative Wohnzimmer, tagsüber selten genutzt, weil es zum Spielen zu schade ist. Am Abend dagegen versammelt sich dort die Familie, um in den Fernseher zu schauen. Der größte, hellste und schönste Raum der Wohnung bleibt also einen Großteil des Tages ungenutzt.

Dagegen die Küche: Oft zu klein und schlecht belichtet, hält sich die Frau dort täglich mehrere Stunden auf. Eine partnerschaftliche Verrichtung der Hausarbeit wird durch die beengten räumlichen Verhältnisse erschwert bis unmöglich gemacht. An eine Betreuung der Kinder während des Kochens ist hier nicht zu denken. Zu den Kinderzimmern läßt sich sagen, daß sie oft schon für kleine Kinder viel zu eng sind. Dieser Mangel macht sich um so stärker bemerkbar, je größer die Kinder werden und damit der Wunsch nach Rückzugsmöglichkeiten zunimmt. Das Schlafzimmer der Eltern ist in diesen Wohnungen in der Größe meist zwischen dem des Kinderzimmers und dem des Wohnzimmers angesiedelt. Die Nutzung ist eindeutig und räumlich verschwenderisch: abgesehen davon, daß in diesem Raum acht Stunden geschlafen wird, „steht er nutzlos herum". Der Flur: dunkel, eng, lang und entsprechend schwierig zu möblieren und zu nutzen; in der Regel 4 qm verschenkten Raumes. Das Bad, oft ohne Tageslicht, ist meist viel zu klein. Alternative Ansätze versuchen hier Abhilfe zu schaffen. Diese sehen beispielsweise vor, das große Wohnzimmer zu teilen. Ein Teil wird der Küche zugeschlagen, die dadurch als Wohnküche zum Zentrum des familiären Lebens werden kann. Die andere Hälfte des Wohnzimmers wird als Fernseh- oder Arbeitszimmer genutzt. Kinder- und Elternschlafzimmer sind bei diesem Modell gleich groß, wodurch ein Wechsel der Nutzung einfacher möglich ist. Ohnehin können gleich große Räume bei einem Wechsel der Lebenssituation leichter an die geänderten Wohnbedürfnisse angepaßt werden. Daneben hat die einheitliche Größe von Räumen bei einer Optimierung der Pläne technische und damit Kostenvorteile.

7.7 Lebensplanung

„An den Ernstfall denken!"

Scheidungen und Todesfälle können selbst ein kleines Haus zu groß und zu teuer werden lassen. Zwar kann das Haus dann verkauft werden, aber ein Verkauf unter finanziellem Druck bringt meistens erhebliche Verluste mit sich. Deshalb sollte auch Ihr Haus ohne großen Aufwand in zwei kleine Appartements geteilt werden können. Optimal gelingt dies mit nutzungsneutralen Räumen und einer vorausplanenden Führung von Installationleitungen (siehe dazu Heizung/Sanitär) sowie der inneren Erschließung und Lage der Treppe.

7.8 Das Raumprogramm

„Am besten maßgeschneidert!"

So, und jetzt ist Schluß mit der Theorie, und Sie sind dran. Die nachfolgende Liste (beispielhaft ausgefüllt) wird Ihnen bei der Aufstellung Ihres Raumprogramms Hilfestellung geben.

CHECKLISTE RAUMPROGRAMM

Zimmer	qm Wohnfl.	Nutzungswünsche
Wohnzimmer	15	abends Aufenthalt, tagsüber Rückzugsmöglichkeit
Arbeits-/Hauswirtschaftsraum	2	waschen, Schmutzarbeiten, Vorratshaltung
Wohnküche	15	kochen, essen, spielen, reden, wenn möglich, direkte Verbindung zum Garten
Schlafzimmer	20	nachts schlafen, tagsüber arbeiten,
Kinderzimmer	15	spielen und schlafen
Arbeitszimmer	10	arbeiten
Bad	6	
Gäste-Toilette	1,5	
Abstellraum	1	
Balkon/Terrasse	möglichst groß	
Raumreserve	keine	
Benötigte Nutzfläche:		
Heizungsraum	nach Bedarf, sowenig wie möglich	
Hausanschlußraum	nach Bedarf, sowenig wie möglich	
Lager für Brennstoff	nach Bedarf, sowenig wie möglich	
Garage	1 Kfz-Stellplatz Fahrrad-Stellplätze	

Diesen Plan sollten Sie immer wieder durchgehen, optimieren und beim Zeichnen der Grundrisse die folgenden Punkte nicht aus dem Auge verlieren:

7.9 Klischees und Wünsche

„Sowenig wie möglich!"

Sie sollten intensiv darüber nachdenken, welche Wünsche Sie an das neue Haus haben. Je weniger Sie sich dabei von Vorstellungen und Klischees anderer Menschen leiten lassen, um so besser kann das Haus auf Sie zugeschnitten werden, und um so billiger wird es.

Sie brauchen beispielsweise kein Wohnzimmer und kein Arbeitszimmer, weil Sie ohnehin den ganzen Tag in der Badewanne liegen? In Ordnung. Es ist ja alles machbar. Das Badezimmer wird einfach auf 15 qm vergrößert, Wohnzimmer und Arbeitszimmer fallen weg. Kostenersparnis: ca. 50 000 DM. Ein Nachteil dieser nicht ganz ernst gemeinten, unkonventionellen Lösung: Der Verkauf eines solchen Hauses kann außerordentlich schwierig werden, und die finanziellen Verluste sind dabei oft groß.

Wir selbst haben einmal ein solches Haus preiswert gekauft, das bei 150 qm Gesamtwohnfläche über 60 qm Bäder und 35 qm Flur verfügte. Die Umbauarbeiten haben sich schwierig gestaltet.

7.10 Anpassung

„Anpassung zahlt sich beim Bau aus!"

„Vergewaltigen" Sie weder sich noch Ihr Grundstück. Der Versuch, aus einem ebenerdigen Grundstück mit Gewalt ein Hanggrundstück zu machen, wird mit Sicherheit nicht funktionieren. Harmonische und preiswerte Häuser finden sich oft gerade dort, wo die Häuser in Material und Größe der Landschaft angepaßt und mit Rücksicht auf die Lebensgewohnheiten der Benutzer errichtet wurden.

7.11 Geschosse

„Dürfen es ein paar mehr sein?“

Wo es die Bauordnung erlaubt, können ein paar tausend Mark gespart werden, wenn Sie (bei gleicher Wohnfläche) ein zweigeschossiges statt eines eingeschossigen Hauses bauen.

Wenn es ans Planen geht: Versuchen Sie von vornherein einfache, nicht verwinkelte Grundrisse zu zeichnen. Jeder Winkel, jeder Erker kostet viel Geld. Preiswerte Entwürfe zeichnen sich dagegen durch ihre Geradlinigkeit aus. Dabei sollten Sie Ihre Vorstellungen unbedingt in einem sehr frühen Stadium mit Ihrem Architekten und mit Ihrem Statiker besprechen. Denn wenn der Architekt erst einmal die Detailpläne zeichnet, ist es für (kostenlose) Änderungswünsche zu spät. Ein guter Zeitpunkt für das gemeinsame Gespräch ist gekommen, wenn der Architekt seinen Vorentwurf (gezeichnet nach Ihren Vorgaben) vorgelegt hat.

7.12 Raumhöhe

„Darf's ein bißchen niedriger oder höher sein?“

Denken Sie doch einmal darüber nach, ob eine Verminderung der lichten Raumhöhe um 10 cm für Sie in Frage kommt. Die Kostenersparnis kann beträchtlich sein.

Oder sind Sie ein Fan von Hochbetten und Podesten? Falls ja, kann es sinnvoll sein, die übliche lichte Raumhöhe von 2,50 m auf 3 m zu erhöhen, um beispielsweise das Arbeitszimmer auf einer zweiten Ebene als Schlafraum zu nutzen und so einige Quadratmeter Wohnfläche zu sparen. Alternativ können Sie ein solches Hochbett gleich im Dachgeschoß planen, wo die dafür erforderliche Raumhöhe meist ohnehin vorhanden ist.

7.13 Verkehrsflächen

„Sowenig wie möglich!“

Wohnzeitschriften sind voll von Tips, wie schlecht belichtete, ungünstig geschnittene Flure zu nutzen sind. Warum dann nicht besser gleich sowenig Verkehrsflächen wie irgend möglich schaffen, denn auch sie kosten Geld. Einfach (aber funktionell nicht unproblematisch) gelingt die Verringerung von Verkehrsflächen mit Hilfe von gefangenen Räumen. Darunter sind Räume zu verstehen, die nur über ein anderes Zimmer erreicht werden können. Das ist beispielsweise möglich, wenn Arbeits- oder Elternschlafzimmer nur vom Wohnzimmer und nicht von einem Flur aus betreten werden können.

Verkehrsflächen können aber auch besonders großzügig gestaltet werden, um sie dann als Eßdiele oder Spielzimmer und vielleicht sogar als Wohnzimmer nutzen zu können.

7.14 Versorgungsleitungen

„Dicht beieinander“

Versorgungsleitungen sollten so kurz wie irgend möglich sein. Optimal ist es, wenn ***ein*** Leitungsstrang Küche, Bad und gegebenenfalls Gäste-WC versorgt. Die Naßbereiche sollten demzufolge möglichst dicht beieinander, nicht aber unterhalb der Rückstauebene des öffentlichen Kanalsystems liegen. Denn sonst wird der Einbau einer teuren und relativ wartungsintensiven Hebeanlage notwendig (siehe auch Kapitel „Heizung- /Sanitär“).

7.15 Treppe

„Wichtig und schwierig"

Die sinnvolle Anordnung der Treppe ist eine außerordentlich wichtige Angelegenheit. Platzsparend kann eine Treppe in der Mitte des Hauses plaziert werden. Nachteilig ist dabei, daß das Haus bei Bedarf nur schwer in zwei Wohneinheiten geteilt werden kann. Wenn die Treppe dagegen vor dem Haus liegt und damit (unbeheizt) einen guten Wärmepuffer bildet, kann das Haus bequem geteilt werden. Nachteilig bei dieser Lösung ist der relativ hohe Flächenverbrauch der inneren Erschließung.

7.16 Sicherheit

„Das Böse lauert immer und überall"

Auch wenn Einbrecher bei frischgebackenen Hausbesitzern keine großen Reichtümer finden können, richten sie erheblichen materiellen und seelischen Schaden an. Aus diesem Grund sollten sie es besonders den Gelegenheitstätern nicht zu leicht machen und auch beim preiswerten Bauen einige grundlegende Sicherheitsaspekte berücksichtigen.

Die Kosten für die baulichen Sicherheits-Maßnahmen sind niedriger, wenn diese von Anfang an in die Planung einbezogen werden. Deshalb empfiehlt es sich, anhand des ersten Entwurfes Ihres Architekten mit der Kriminalpolizei ein Gespräch über ein stufenweise umzusetzendes Sicherheitskonzept für Ihr Haus zu führen. Denn sinnvolle Sicherheitsvorkehrungen sehen für jedes Haus und für jede Region anders aus. Die Kripo hat in vielen Städten zu diesem Beratungszweck kostenlose Sprechstunden eingerichtet.

Auch wenn Sie erst in paar Jahren ein aufwendigeres Sicherheitssystem installieren wollen: In jedem Fall ist es sinnvoll zu prüfen, ob für das von der Kriminalpolizei empfohlene Sicherheitssystem nicht schon in der Rohbauphase Kabelschächte, Anschlüsse und vielleicht auch Leerrohre eingebaut werden sollten. Denn der nachträgliche Einbau verursacht Schmutz, Lärm und zusätzliche Kosten.

8 Einsparmöglichkeiten bei einzelnen Gewerken

8.1 Diverse Gewerke

„Nur ein konsequenter Sparer ist ein guter Sparer"

8.1.1 Baustelleneinrichtung

Bevor die Handwerker die Arbeit an Ihrem Haus aufnehmen können, müssen sie zunächst die Baustelle einrichten. Zur Baustelleneinrichtung gehört dabei alles, was zum Bau benötigt wird: angefangen vom Hammer über den Baukran bis hin zum Toilettenhäuschen. Die Kosten dafür sind nicht unbeträchtlich. Sie können sie jedoch deutlich reduzieren, wenn von einer Zentrale aus mehrere Baustellen „bedient" werden. Deshalb sollten Sie unbedingt Kontakt zu den Grundstücksbesitzern in ihrer direkten Nachbarschaft aufnehmen und versuchen, die geplanten Bauvorhaben zeitlich zu koordinieren. Schon wenn Sie sich nur die Kosten für das Toilettenhäuschen mit zwei anderen Bauherren teilen, sparen sie 1200 DM. Denn die Miete für ein WC-Häuschen kostet für ein halbes Jahr Bauzeit ungefähr 1800 DM. Und zwar unabhängig davon, ob es von den Arbeitern einer oder mehrerer Baustellen benutzt wird. Dabei sei Ihnen nicht verschwiegen, daß es in Deutschland die Bestimmung gibt, daß mit 1 Toilette nur maximal 15 Arbeiternehmer „versorgt" werden dürfen. Noch wesentlich größer ist das Einsparpotential, wenn sich mehrere Bauherren z.B. gemeinsam einen Baukran mieten.

8.1.2 Hausanschlüsse

Telefon-, Gas-, Wasser- und Elektrizitätsanschlüsse müssen von den öffentlichen Hauptleitungen aus unterirdisch zu Ihrem Haus verlegt werden. Und dabei ist folgendes Vorgehen üblich: An einem Tag kommt das Gasunternehmen, gräbt den Boden auf, legt die Gasleitung zu Ihrem Haus und verfüllt den Graben wieder. Am nächsten Tag erscheint das Elektrizitätswerk und – Sie ahnen es schon – gräbt den Boden auf (50 cm neben der Gasleitung), legt das Elektrokabel und verfüllt den Graben erneut.

Sogar bei einem staatlich geförderten Modellbauvorhaben in Essen zum Thema preiswertes Bauen konnten Telefon-, Gas- , Wasser- und Elektrizitätswerke nicht dazu bewegt werden, ihre Arbeiten zu koordinieren und beispielsweise die Leitungen in einem gemeinsamen Stufengraben zu verlegen. Was das bedeutet, fragen Sie? Ganz einfach: „Hier wird Geld zum Fenster hinausgeworfen." Deshalb sollten Sie als Bauherr versuchen, die Anbieter zur Koordination zu bewegen. Und wenn Sie es nicht schaffen: Beschweren Sie sich wenigstens lauthals darüber. Denn sonst wird sich an dieser Geldverschwendung nie etwas ändern.

8.1.3 Rohbau Außenwände

„Ziegel, Porenbeton, Holzverbund, Kalksandstein, Blockhaus – gesundes Raumklima, schnelle Bauzeit, Wärmedämmung, Schallschutz – mir dreht sich alles im Kopf. Ich will doch eigentlich nur einen preiswerten, warmen und ruhigen Platz für meine Familie und mich." Damit haben Sie ja völlig recht, und wir werden versuchen, Ihnen die Entscheidung zwischen den Baustoffen zu erleichtern. Zunächst haben Sie die wichtigsten Aufgaben der Außenwände, für den Schutz der Bewohner vor Lärm und Kälte zu sorgen, schon erwähnt. Daß dies möglichst preiswert geschehen soll, versteht sich von selbst. Wobei Sie sich eines klar machen sollten: Die wichtigste Entscheidung, wieviel die fertig verputzten Außenmauern Ihres Hauses kosten werden, ist schon gefallen, als Sie sich zwischen dem Bau eines Reihenhauses und dem eines freistehenden Hauses entschieden haben. Kosten doch die Außenwände pro Quadratmeter Wohnfläche bei einem Reihenmittelhaus etwa ein Drittel weniger als bei einem freistehenden Einfamilienhaus.

Im Rahmen von Verkaufsförderungsmaßnahmen oder Modellprojekten werden bestimmte Baustoffe gelegentlich als die einzigen billigen und gesunden verkauft. Beim preiswerten Bauen spielt der verwendete Baustoff jedoch eine unbedeutendere Rolle, als man Ihnen glaubhaft machen möchte. Denn der Anteil der Kosten für die Außenwände ist, gemessen an den gesamten Baukosten, gering. Lassen Sie sich also bei der Auswahl Ihres „Rohbaustoffes“ nicht verrückt machen, denn prinzipiell können die Aufgaben der Außenwände, nämlich Wärme- und Schallschutz sowie Tragfähigkeit, durch verschiedene Wandaufbauten erfüllt werden, wobei die folgenden sich besonders für das Gebäude des preisbewußten Bauherrn eignen.

Erste Möglichkeit: Hier besteht die einschalige Außenwand aus großformatigen Steinen. Diese besitzen so gute wärmedämmende Eigenschaften, daß keine zusätzliche Dämmschicht aufgebracht werden muß. Die Wände müssen innen und außen nur verputzt werden. Die Vorzüge dieses Wandaufbaus bestehen darin, daß die großformatigen Steine einfach und schnell zu verarbeiten sind. Denn diese wärmedämmenden Mauersteine können alle in Plansteinqualität geliefert und damit arbeits- und kostensparend mit Klebemörtel anstelle der üblichen Mörtel verarbeitet werden. Rationalisierungseffekte können bei der einschaligen Wand auch durch die Verwendung vorgefertigter, geschoßhoher Mauertafeln erzielt werden. Ob ein solcher Rationalisierungseffekt eintritt, hängt davon ab, ob ein Werk für die Herstellung dieser Elemente in der Nähe der Baustelle ansässig ist.

Anmerkung: Der Feuchtigkeitsaustauschwert von Ziegelsteinen (mitbestimmend für ein angenehmes und gesundes Raumklima) ist besser als der von Porenbetonstein. Dafür sind Ziegelsteine meist etwas teurer als Porenbetonsteine. Da die regionalen Preisunterschiede gelegentlich groß sind, sollten Sie sich beide Steine anbieten lassen.
In jedem Fall erhält der Bauherr bei Verwendung der einschaligen Wand eine solide Konstruktion mit einem angenehmen Raumklima. Durch die große Masse dieser Außenwände ist zudem eine gute Wärmespeicherkapazität gewährleistet, durch die klimabedingte Temperaturschwankungen ohne weiteres über mehrere Tage ausgeglichen werden können.

Zweite Möglichkeit: Einen Weg, preiswerte Häuser zu errichten, ermöglicht auch die Holzverbundbauweise. Auf eine tragende Grundkonstruktion mit dazwischenliegender Wärmedämmung und Dampfsperre wird außen ein Wetterschutz und innen eine glatte, tapezierfähige Fläche aufgebracht. Während die so konstruierten Häuser über eine gute Wärmedämmung verfügen, ist der Schallschutz besonders bei den preiswerten Modellen nicht sehr gut. Aber dafür werden diese Häuser oft in kürzester Zeit aufgebaut und erreichen den Wärmeschutz mit einer Wanddicke, die mit ca. 20 cm nur ungefähr bei der Hälfte der im ersten Beispiel genannten liegt. Auch wenn Ihnen dies unwichtig zu sein scheint: Der Einfluß der Wandstärke auf die Wohnfläche und damit auf die Baukosten ist gewaltig. Verlieren Sie doch bei einem normalen Einfamilienhaus (gleichen Umriß des Hauses vorausgesetzt) schon bei Wänden, die nur 6 cm dicker sind, ca. 5 qm an Wohnfläche. Bei Baukosten von 2500 DM/m^2 Wohnfläche entspricht dies einem „Verlust" von 12 500 DM! Denn grundsätzlich gilt: Je dünner die Wände sind, um so mehr Wohnfläche können Sie bei gleichem Grundriß und Gesamtpreis auf Ihrem Grundstück schaffen. Als Nachteil muß bei diesen Häusern in Kauf genommen werden, daß die Wärmespeicherkapazität der Wände gering und die Wahl des Deckensystems eingeschränkt ist. Denn Holzverbundwände können keine massive Decke tragen, so daß eine Holzbalkendecke gewählt werden muß.

Empfehlung:
Dem Bauherrn, der an den Schallschutz keine erhöhten Anforderungen stellt und dafür sehr preiswert bauen möchte, bietet die Holzverbundweise hervorragende Möglichkeiten. Denn zu den niedrigeren Kosten der Bauelemente kommt noch die Ersparnis durch die erhebliche Verkürzung der Bauzeit. Die bautechnisch unproblematischere, dauerhaftere und vielleicht auch „deutschere" Möglichkeit, ein preiswertes Haus zu errichten, wählt der Bauherr mit einschaligen Außenwänden aus Ziegel-, Beton- oder Porenbetonsteinen. Wie gesagt: Sie können mit fast allen gängigen Materialien ein preiswertes Haus bauen. Und wenn Sie im Zweifel sind, welcher Baustoff der preiswertere ist, lassen Sie sich einfach beide anbieten.

Natürlich gibt es neben diesen Wandaufbauten noch eine Vielzahl von Möglichkeiten, die zum Teil über wesentlich bessere bauphysikalische Eigenschaften verfügen. Während jedoch der Wandaufbau in unseren Beispielen zwischen 150 und 250 DM pro Quadratmeter kostet, kann beispielsweise ein technisch hervorragendes zweischaliges Mauerwerk schnell 400 DM und mehr pro Quadratmeter kosten. Technisch hervorragend deshalb, weil alle bauphysikalischen Funktionen jeweils durch eine gewissermaßen „spezialisierte“ Schicht übernommen werden: Die Schlagregensicherheit wird durch die Verblendfassade, der Wärmeschutz durch die Wärmedämmung und die Tragfähigkeit sowie der Schallschutz durch die Innenschale erreicht. Über einen Zeitraum von 10 bis 20 Jahren betrachtet, können sich die Mehrkosten für das zweischalige Mauerwerk aufgrund der extrem niedrigen Wartungskosten trotzdem bezahlt machen.

Falls Sie es geschafft haben, eine größere Zahl an Mitstreitern für den Bau von Reihenhäusern zu finden, sollten Sie auch die Verwendung großflächiger Fassadenelemente aus Holz oder Beton in Erwägung ziehen. Denn diese ermöglichen ein außerordentlich preiswertes Bauen. Der Einspareffekt wächst dabei mit der Zahl der beteiligten Bauherren.

8.1.4 Rohbau Innenwände

Bei den Innenwänden muß man zwischen tragenden und nichttragenden Wänden unterscheiden. Nichttragende Wände sind in der Regel preiswerter als tragende zu erstellen und können zudem bei späteren Umbauarbeiten problemlos entfernt werden. Durch Innenwände mit tragender Funktion wird die Stützweite der darüberliegenden Decken reduziert, wodurch diese kostengünstiger hergestellt werden können.

Auch tragende Wände können mit relativ geringem Aufwand in der Rohbauphase für einen späteren Umbau vorbereitet werden. Wenn Sie beispielsweise planen, das Kinderzimmer (nach dem Auszug der Kinder) als Eßzimmer dem Wohnraum zuzuschlagen, sollten Sie in der Rohbauphase über den späteren Durchgang einen Unterzug einziehen und die Wände glatt abmauern lassen.

Nichttragende Innenwände können gemauert werden oder aus einer beidseitig mit Gipskartonplatten beplankten Ständerkonstruktion bestehen, wobei die letztgenannte Lösung etwas billiger ist. (An dieser Stelle sei daran erinnert, daß bei Kostenvergleichen am Bau immer der komplette Wandaufbau berücksichtigt werden muß.) Bei der Planung sollte jedoch dafür Vorsorge getroffen werden, daß wandhängende Elemente, wie z.B. Spültische im Bad, nicht an diesen leichten Ständerwänden angebracht werden, weil dafür relativ teure Verstärkungen in die Wand eingebaut werden müssen.

Ständerwände werden normalerweise vor Aufbringen des Estrichs montiert. Sie bleiben in der Raumgestaltung jeoch flexibler, wenn Sie die Reihenfolge umdrehen: erst den Estrich aufbringen lassen und dann die Ständerwände montieren! Zwar wird dadurch deren Standfestigkeit und Schallschutz schlechter, aber dafür können die Wände ohne großen Aufwand versetzt werden (besonders wenn zwischen den Planken keine Leitungen verlaufen).

8.1.5 Decken

Gerade bei kleinen Häusern halten wir Zimmerdecken mit einem guten Schallschutz für den Erhalt des familiären Friedens für unumgänglich. Denn Sie werden nicht lange gemütlich im Wohnzimmer sitzen, wenn die Decke schlecht gedämmt ist und Ihre Kinder im darüberliegenden Zimmer spielen. Prinzipiell kommen zwei Deckenaufbauten in Frage: Holzbalkendecken mit aufgebrachtem Holzdielenboden sind sehr preiswert. Ihr Nachteil ist, daß der Schallschutz nicht optimal ist. Dieser läßt sich zwar durch zusätzliche Dämmschichten verbessern, was die Angelegenheit jedoch verteuert. Dagegen ist der Schallschutz bei massiven Decken hervorragend. Für den preisbewußten Bauherrn empfehlen wir Decken aus Halbfertigteilen mit Ortbetonverguß, die sich neben der sehr kurzen Bauzeit durch die Tatsache auszeichnen, daß die Untersicht praktisch mit dem Einbau der Decke fertig ist. Denn es müssen nur noch die Stoßfugen zwischen den Elementen gespachtelt werden, und schon kann tapeziert oder auch nur gestrichen werden. Sie merken sicher, daß wir einer massiven Decke den Vorzug geben. Nicht zuletzt, weil wir davon ausgehen, daß gerade in einem kleinen, bis in den letzten Winkel genutzten Haus ein guter Schallschutz Grundvoraussetzung für ein friedliches Miteinander ist.

Wenn Sie sich bei Ihrem Bauvorhaben dagegen Raumreserven unter dem Dach leisten, können Sie dort mit dem Einziehen einer Holzbalken- statt einer Stahlbetondecke wirklich erst einmal sparen. Es genügt dann nämlich, zunächst nur die Basiskonstruktion anzubringen, die nur etwa die Hälfte des gesamten Deckenaufbaus kostet, um diese bei einer späteren Nutzung (und erholtem Kassenstand) schalltechnisch und optisch „nachzurüsten". Auch haben Holzbalkendecken, deren Untersicht nicht verkleidet wird, einen ganz eigenen ästhetischen Reiz.

Die oft von Baubiologen empfohlene Ziegel-Hohlkörperdecke (eine Massivdecke mit gutem Schallschutz) sorgt für ein besonders angenehmes Raumklima, ist aber ca. 10 % teurer als eine Stahlbetondecke.

8.1.6 Estrich

Mit dem Aufbringen eines Estrichs wird der Schallschutz von Decken verbessert. Die Mehrzahl der Bauherren wird sich für einen schwimmend verlegten Zementestrich entscheiden, der die Nachteile hat, eine vergleichsweise lange Trocknungszeit zu benötigen und viel Feuchtigkeit ins Haus zu bringen. Bei einem guten Zeitplan muß dies jedoch keine Verzögerung im Bauablauf bedeuten.

Nur für Bauherren mit einem extrem engen Zeitplan (und viel Pech mit dem Wetter) werden sich die Mehrkosten von ca. 25 DM/qm für einen Asphaltestrich lohnen. Dieser Estrich, der mit Temperaturen um 200 °C aufgebracht wird, ist nämlich schon nach einem Tag trocken. Zudem führen die hohen Temperaturen dazu, daß selbst ein (z.B. durch ausgiebige Regenfälle während der Bauzeit) durch und durch feuchtes Haus blitzschnell trocknet.

8.2 Dach

„Hauptsache trocken"

8.2.1 Dachneigung

Die wichtigste Kostenentscheidung beim Dach ist gefallen, sobald Sie sich für eine bestimmte Dachform entschieden haben und feststeht, ob das Dach ausgebaut werden soll (siehe Kapitel „Vorplanung Gebäude"). Wir gehen davon aus, daß Sie sich zusammen mit Ihrem Architekten für ein Satteldach mit einer Neigung von 35° bis 40° entschieden haben, das als vollwertiger Wohnraum ausgebaut werden soll. Diese Dachneigung ist hierfür sinnvoll, weil der konstruktive Aufwand bei flacheren oder steileren Dächern größer wird. Ein Kniestock (Drempel) vergrößert zwar den Dachraum und erhöht dessen Nutzbarkeit, ist jedoch kostenaufwendig.

8.2.2 Dachstuhl

Ein beliebter Vorschlag, Kosten zu sparen, sieht den Verzicht auf Dachüberstände vor. Richtig ist, daß Sie dadurch ein wenig sparen können. Auf der anderen Seite entfällt damit auch der Wetterschutz für das Haus, und das ästhetische Ergebnis wird eher nachteilig beeinflußt. Deshalb sind wir der Meinung, daß bei aller Liebe zum Sparen der Verzicht auf einen „vernünftig" dimensionierten Dachüberstand „ästhetisch" wohl überlegt sein will.

Gaupen erhöhen zwar die Nutzbarkeit des Dachraumes, sind jedoch verflixt teuer, weshalb wir dazu raten, auf diese zu verzichten. Es sei denn, daß nur so das Dach gut zu nutzen ist. In diesem Fall empfiehlt es sich, vorgefertigte Gaupen einzusetzen, die deutlich billiger als die von Zimmermann, Dachdecker und Fensterbauer errichteten sind.

Bei Dachfenstern sollten Sie zwar zu Standardmodellen greifen, aber von diesen nicht die billigsten wählen, denn diese Modelle sind nur sehr eingeschränkt als vollwertige Fenster nutzbar, können Sie doch bei diesen um die Mittelachse kippbaren Fenstern nur mühsam und mit einigen Verrenkungen gemütlich aus dem Fenster schauen. Die Mehrkosten für ein vollständig zu öffnendes Dachfenster erhöhen seinen Nutzwert gewaltig.

Sie sollten zudem darauf achten, daß die Dachfenster in der richtigen Höhe angebracht werden (keine Selbstverständlichkeit!) und beim Innenausbau statt eines schrägen unteren Abschlusses ein waagerechtes, normales Fensterbrett angebracht wird.

Extratip:
Dachfenster sollten Sie vom Dachdecker und nicht von einer Fensterfirma einbauen lassen. Nur so sind die Verantwortlichkeiten bei auftretenden Undichtigkeiten eindeutig definiert und können nicht zwischen den Handwerkern hin- und hergeschoben werden.

8.2.3 Dachbeläge

Eine preiswerte Alternative zu Betondachsteinen sind bei der Dacheindeckung großformatige Welltafeln. Sie sind billiger und haben weniger Gewicht. Dies bedeutet für Ihren Statiker, daß er den Dachstuhl und das Mauerwerk geringer dimensionieren kann und dadurch viel Geld gespart wird. Ob diese Welltafeln bei Ihnen genehmigungsfähig sind, kann Ihnen Ihr Architekt sagen.

Wenn Sie sich für Betondachsteine entscheiden, können Sie hier bedenkenlos die billigsten Standardformen und -farben wählen.

8.2.4 Dachdämmung

Damit teuer erzeugte Wärme nicht durch das Dach entweicht, muß dieses gedämmt werden. Zur Dämmung wurde dabei in den letzten 25 Jahren in erster Linie mineralische Glas- und Steinwolle verwendet. Diese haben sehr gute bauphysikalische Eigenschaften, sind einfach zu verarbeiten und billig. Aber sie sind als krebserregend ins Gerede gekommen. Zwar gelten sie – sachgerecht (!) eingebaut – als nicht gefährlich, aber auch Sie als preisbewußter Bauherr sollten dennoch über Alternativen nachdenken. Denn wie wir an anderer

Stelle bereits betont haben: Den Einbau teurer, „ökologischer" Materialien sollten Sie da in Erwägung ziehen, wo ein Austausch von schadstoffhaltigen sehr aufwendig und teuer werden kann. Ein solcher Fall ist sicher bei der Dachdämmung gegeben.

Bevor wir aber zu konkreten Beispielen kommen, noch ein kurzer technischer Hinweis: Dämmstoffe werden in Deutschland in die Brandschutzklassen A1/A2, B1 und B2 eingeteilt: A1/A2 bedeutet dabei, daß die Stoffe nicht brennbar sind, B1, daß sie schwer entflammbar, und B2, daß sie normal entflammbar sind. Viele der „ökologischen" Dämmstoffe werden in die Klasse B2 eingeordnet. Damit dürfen sie nicht in Häusern mit mehr als zwei Vollgeschossen eingebaut werden. Wie ein Vollgeschoß definiert wird, ist von Bundesland zu Bundesland verschieden. Sie sollten in jedem Fall nur Baustoffe verwenden, die baurechtlich für Ihr Haus zugelassen sind.

Zum praktischen Vorgehen: Lassen Sie sich in jedem Fall Alternativen zu den Dämmstoffen aus Mineralfasern anbieten. Für die Dämmung des Daches kommen folgende Werkstoffe (die zum Teil leider sehr teuer sind) in Frage: Zellulose, Schafswolle, Kork, Baumwolle, Strohmatten und Kokos. Sie können sich beim Vorliegen der Angebote immer noch entscheiden, ob sie die Mehrkosten auf sich nehmen wollen.

Wir würden aber auch dem preisbewußten Bauherrn dazu raten, bis zu 3000 DM mehr für die Dämmung des Daches auszugeben, um so die gesundheitlichen Risiken zu minimieren.

Extratip:
Bei einfachen Dachformen mit großen glatten Flächen können Dach-Verbundelemente kostensparend zum Einsatz kommen. Dach-Verbundelemente sind großformatige Bauteile, bei denen Wärmedämmschicht (unbedingt nachfragen, aus welchem Material diese besteht!), Dichtungsbahn und raumseitige tapezierfähige Oberfläche integriert sind.

8.3 Fenster

„Fenster sind eingebaute energietechnische Schwachstellen"

Fenster sind teurer als Mauerwerk und zudem „eingebaute energietechnische Schwachstellen" von Häusern. Auf die extrem kostengünstige Idee, ein Haus ohne Fenster zu bauen, wird dennoch kein Bauherr kommen. Denn Licht und Luft, die durch die Fenster ins Haus kommen, beeinflussen Wohlbefinden und Gesundheit der Bewohner ganz wesentlich.

Um einen vernünftigen Mittelweg zwischen „Glashaus und fensterlosem Haus" zu finden, gilt es, sorgfältig zu planen und folgende Grundsätze zu beachten:

- Große Fensterflächen sollten nach Süden gerichtet sein. Denn dem Wärmeverlust durch die Fenster steht hier ein Wärmegewinn durch die Sonneneinstrahlung gegenüber.
- Auf der Nordseite sollten Sie möglichst auf Fenster verzichten.

Für den preisbewußten Bauherrn kommen als Rahmenmaterialien Holz oder Kunststoff in Frage. Falls Sie keine Vorliebe für *eines* dieser beiden haben, sollten Sie sich *beide* Alternativen anbieten lassen. In der Regel werden dabei die Kunststoffenster preiswerter als die Holzfenster sein.

Holzfenster (unbedingt aus einheimischen Hölzern und nicht aus Tropenholz) haben den Nachteil, daß sie in regelmäßigen Abständen einen neuen Anstrich brauchen. Allerdings sehen diese Fenster nach dem Anstrich wie neu aus und haben eine lebendige Ausstrahlung. Kunststoffenster sind dagegen praktisch wartungsfrei, und nachdem immer mehr Hersteller dazu übergehen, bei der Produktion von Kunststoffenstern recyceltes Material zu verwenden, können Sie diese auch ohne schlechtes Gewissen einsetzen. Sie sollten sich aber von den Anbietern schriftlich bestätigen lassen, daß der Anteil von recyceltem PVC in den Fenstern bei mindestens 60 % liegt.

Sparen können Sie bei den Fenstern an mehreren Stellen, indem Sie sich beispielsweise (zumindest teilweise) für festverglaste Fensterelemente entscheiden. Besonders gut möglich ist dies im Erdgeschoß, wo die Fenster problemlos von außen geputzt werden können.

Bei den Beschlägen sollten Sie Standardmodelle wählen, denn modischer „Schnickschnack“ ist unverhältnismäßig teuer. Auf Drehkipp-Beschläge empfiehlt es sich, zugunsten von Dreh-Beschlägen zu verzichten. Denn erstens kosten Dreh-Beschläge weniger, und zweitens wird durch die Lüftung von Zimmern mit gekippten Fenstern sehr viel Energie verschwendet.

Durch die neue Wärmeschutzverordnung sind Fenster mit einem relativ hohen Wärmedämmwert vorgeschrieben. Ob sich für Sie noch besser gedämmte Wärmeschutzfenster rechnen, sollten Sie von Ihrem Ingenieur für Versorgungstechnik durchrechnen lassen. Eine ökologisch sinnvolle Investition sind diese Fenster in jedem Fall.

Während Sie die unterschiedlichsten Höhen und Breiten der Fenster in allen Variationen zum gleichen Preis pro Quadratmeter Fensterfläche (zumindest beim individuell angefertigten Haus) bekommen, ist bei Rundbögen und anderen extravaganten Formen mit einem kräftigen Aufschlag zu rechnen. Sie sollten darauf verzichten. Einflügelige Fenster sind etwa ein Drittel billiger als mehrflügelige Fenster. Die Mehrausgaben können sich aber lohnen, denn oftmals wird vor einem großen einflügeligen Fenster sehr viel Platz als „Spielraum“ für das Fenster verschenkt. Bei einem Fenster mit zwei Flügeln halbiert sich dieser Raum.

8.4 Rolläden

„Die können wegfallen“

Auch wenn Sie ganz auf Rolläden verzichten möchten (was Geld spart und auch bautechnisch sinnvoll ist), kann ein späterer Einbau trotzdem vorgesehen werden. Dazu müssen die Fenster nach hinten versetzt eingebaut werden, damit später außenliegende Rolladenkästen angebracht werden können. Dieser Versatz hat zwar den Nebeneffekt, daß Fenster und Beschläge besser vor der Witterung geschützt werden, ist jedoch ansonsten bauphysikalisch alles andere als optimal.

Eine gestalterisch sehr schöne und bautechnisch hervorragende (leider nicht ganz billige) Alternative zu Rolläden sind Holzklappläden. Denn während Rolladenkästen immer bauphysikalische Schwachstellen sind, da durch sie eine Verbindung von innen nach außen geschaffen wird, gehören Holzklappläden ganz klar zur äußeren Hülle des Hauses und sind somit unproblematischer.

Im Sinne des preiswerten Bauens und unter Berücksichtigung bauphysikalischer Aspekte ist von Rolläden abzuraten.

8.5 Heizung

„Gewünscht: der energietechnische Maßanzug für Ihr Haus“

8.5.1 Der Ingenieur für Versorgungstechnik

Eines können wir Ihnen sagen: Einfach ist uns dieses Kapitel nicht gefallen. Denn das Thema Heizung zwingt wie kein anderes dazu, den optimalen Mittelweg zwischen der preiswertesten und der umweltschonendsten Lösung zu suchen. Eine konkrete Empfehlung, wie diese Lösung für Ihr Haus aussehen soll, können wir in diesem

Buch nicht geben. Aber wir können Ihnen aufzeigen, wie Sie diese finden.

Leider müssen Sie dazu zunächst wieder erst einmal Geld dafür ausgeben, daß ein Ingenieur für Versorgungstechnik den Wärmebedarf, die Art und Größe Ihrer Heizung berechnet, diese plant und die Ausschreibungsunterlagen erstellt. „Ist das nicht ohnehin üblich?" werden Sie fragen. Leider nein. Bei vielen kleineren Bauvorhaben überträgt der Architekt diese Arbeiten dem Heizungsbauer, der dann oft auch die Ausführung übernimmt. Dieser Handwerker ist jedoch von seiner Ausbildung her weniger geeignet, die für Ihr Haus preiswerteste und umweltschonendste Heizungsanlage zu planen. Wenn er zudem neben der Berechnung der Heizungsanlage die Ausschreibungsunterlagen zusammenstellt und den Auftrag selbst ausführt, ist zu befürchten, daß dabei kein für den Bauherrn optimales Ergebnis erzielt wird. Wir selbst wissen von einem Fall, wo ein Heizungsbauer dem Bauherrn eines 150 qm großen Hauses einen Heizkessel mit einer Leistung von 34 kW empfahl, der Ingenieur für Versorgungstechnik dagegen nur einen Bedarf von 16 kW errechnete. Der Kommentar des Heizungsbauers: „Na, dann werden Sie im Winter ja ganz schön frieren." (Bis heute, fünf Jahre nach dem Bezug des Hauses, ist es zu keinen Erfrierungen gekommen.) Durch die fachmännische Beratung konnten bei unserem Beispiel außer den Mehrkosten für den viel zu großen Kessel Jahr für Jahr erhebliche Mengen an Heizöl eingespart werden, weil eben nur ein optimal ausgelegter Heizkessel wirtschaftlich arbeitet.

Deshalb: Lassen Sie Ihre Heizungsanlage von einem Fachmann für Versorgungstechnik planen. Schon durch die bedarfsgerechte Ausschreibung und den dauerhaft niedrigen Verbrauch an Heizstoff werden sich die Mehrkosten bezahlt machen.

Damit Ihr Versorgungstechniker die optimale Heizung planen kann, muß er möglichst viel über Sie und Ihre Lebensgewohnheiten wissen. Stellen Sie dazu einen Plan auf. In diesen tragen Sie ein, welche Familienmitglieder sich an einem normalen Wochentag wann, wie lange und wie oft in einem Raum aufhalten. Zusätzlich sollten

Sie gegebenenfalls Besonderheiten zu Schlafgewohnheiten und Temperaturempfindlichkeiten einzelner Familienmitglieder angeben. Das Ganze könnte dann beispielsweise so aussehen:

Lebensgewohnheiten Familie Mustermann:
Unsere Familie besteht aus vier Personen: Vater, Mutter, dem zwölfjährigen Sohn und der einen Monat alten Tochter. Bis auf den Säugling schlafen alle Familienmitglieder kühl bei geöffnetem Fenster. Die Wochenenden verbringen wir meist nicht in unserem Haus.

	Mutter	**Vater**	**Kind 1**	**Säugling**
Bad				
morgens	x	x	x	x
mittags				x
abends	x	x	x	x

Normtemperatur: 24 °C nach DIN,
gewünschte Temperatur des Bauherrn: 22 °C

Küche				
morgens	x			
mittags	x	x		
abends	x	x		

Normtemperatur: 20 °C nach DIN,
gewünschte Temperatur des Bauherrn: 19 °C

Wohn/Eßz.				
morgens	x	x	x	x
vormittags				
mittags	x		x	x
nachmittags	x			x
abends	x	x	x	x

Normtemperatur: 22 °C nach DIN,
gewünschte Temperatur des Bauherrn: 21 °C

Kinderz. 1				
vormittags				
nachmittags			x	
abends/ nachts			x	

Normtemperatur: 20 °C nach DIN,
gewünschte Temperatur des Bauherrn: 20 °C

	Mutter	Vater	Kind 1	Säugling
Babyzimmer				
vormittags				
nachmittags				x
abends/ nachts				x
Normtemperatur: 22 °C nach DIN, gewünschte Temperatur des Bauherrn: 22 °C				
Schlafz.				
morgens	x			
nachts	x	x		
Normtemperatur: 18 °C nach DIN, gewünschte Temperatur des Bauherrn: 16 °C				
Arbeitsz.				
vormittags	x			x
nachmittags		x		
abends				
Normtemperatur: 20 °C nach DIN, gewünschte Temperatur des Bauherrn: 21 °C				

Auf der Basis dieser Angaben und der Pläne Ihres Architekten, kann der Ingenieur für Versorgungstechnik dann für Sie und Ihr Haus einen „energietechnischen Maßanzug“ planen.

8.5.2 Alternative Energien

(Sonnenkollektoren, Photovoltaik, Wärmepumpen, Kraftwärmekoppelung)
Diese Arten der Energiegewinnung sind sehr umweltfreundlich und die Betriebskosten der damit betriebenen Heizungsanlagen niedrig. Aber leider sind die Investitionen für die Einrichtung dieser Anlagen zur Zeit noch so hoch, daß der Bauherr, der preiswert bauen will, sich diese ohne Hilfe von staatlichen Zuschüssen, die bis zu 70 % der Investitionen betragen können, nicht leisten kann. Dann jedoch kann sich der Einsatz alternativer Energien auch heute schon für Bauherren mit schmalerem Geldbeutel rechnen. Sie sollten sich deshalb unbedingt vor Abgabe des Bauantrages darum kümmern, welche aktuellen Förderprogramme es für alternative Energiegewinnung gibt. Ihre Ansprechpartner können Gemeinden, Städte,

Bundesländer, der Bund oder die Energieversorgungsunternehmen sein.

Wir denken, daß alternative Energien in absehbarer Zeit billiger werden. Ob dies durch staatliche Zuschüsse oder durch „die Kräfte des Marktes“ geschieht, braucht Sie nicht zu interessieren. Aber wir möchten, daß Sie dann die Möglichkeit haben, diese alternativen Energiequellen problemlos anzuzapfen, und zwar ohne daß dazu neue Heizkessel und Heizkörper eingebaut werden müssen. Damit dies problemlos möglich ist, sind zwei Dinge zu beachten: Der Heizkessel muß ein sogenannter Niedertemperaturkessel sein, und die Heizkörper müssen etwas größer dimensioniert werden, damit die Heizung später zumindest bivalent betrieben werden kann, also sowohl konventionelle als auch alternative Energien verwertet werden können.

8.5.3 Passive Nutzung von Solarenergie

Wir haben es an anderer Stelle schon einmal kurz erwähnt: Schon durch die Ausrichtung des Grundstücks und des Gebäudes wird eine wichtige „energiespartechnische“ Grundlage geschaffen: Wenn die großen Fensterflächen der Wohn- und Aufenthaltsräume nach Süden gerichtet sind, schenkt Ihnen die Sonne Jahr für Jahr jede Menge Wärme. Denn während das kurzwellige Licht der Sonne durch die Fenster fast ungehindert die Zimmer erreicht, halten moderne Fenster die Wärme (die nichts anderes ist als umgewandelte Lichtstrahlen) im Raum zurück. Mit der Folge, daß es dort über einen längeren Zeitraum warm bleibt. Wenn Sie zusätzlich dafür sorgen, daß das Gebäude sehr gut gedämmt wird, damit möglichst wenig Wärme verloren geht, werden Sie Ihr Haus mit viel geringerem Energieeinsatz heizen können. Allerdings gilt dies vorzugsweise für Häuser mit genügend Speichermasse. Im Klartext: Bei einem Steinhaus wird die passive Nutzung der Sonnenenergie wesentlich besser gelingen als bei einem Holzhaus.

8.5.4 Energieträger Gas und Öl

Wer die Wahl zwischen den Energieträgern Gas (nicht überall verfügbar) und Öl hat, sollte die Vor- und Nachteile sorgfältig abwägen: für eine Ölheizung muß Lagerraum gebaut (und bezahlt) werden. Öltanks müssen angeschafft und für die regelmäßige Nachlieferung des Brennstoffs muß gesorgt werden. Andererseits ist der Preis für Heizöl zur Zeit günstiger als für Gas und läßt sich durch geschickten Einkauf und Vorratshaltung weiter reduzieren.

Bei der Gasheizung muß der Energieträger dagegen nicht bevorratet und dementsprechend auch kein Lagerraum gebaut werden. Besonders bei Außenwandthermen ist der Platzbedarf für die eigentliche Heizung extrem gering. Für die Unterbringung dieser Anlagen kann schon der Platz im Spitzboden oder Flur ausreichen. Auf der anderen Seite müssen bei einer Gasheizung Anschlußgebühren an das Energieunternehmen bezahlt werden, die (ortsabhängig) recht hoch sein können.

Da jedoch der Kohlendioxydausstoß von Gasheizungen deutlich geringer ist als der von Ölheizungen, mit Gas zudem ökologisch „korrekt" gekocht werden kann und sogar schon mit Gas betriebene Kühlschränke angeboten werden, sprechen wir eine klare Empfehlung für den Energieträger Gas aus.

8.5.5 Fernwärme

Fernwärme stellt eine relativ umweltfreundliche Art der Energieerzeugung dar, die jedoch nicht überall verfügbar ist. Die Kosten für den Anschluß an das Fernwärmenetz sind regional so unterschiedlich, daß eine allgemeine Bewertung nicht möglich ist. Fest steht jedoch, daß die Betriebskosten in jedem Fall höher sind als bei einer Gas- oder Ölheizung.

8.5.6 Elektroheizung

Eine im Verbrauch teure und wenig umweltfreundliche Art der Energiegewinnung, die wir nicht empfehlen – auch wenn die Einrichtung und der Betrieb dieser Heizung durch den Einsatz von Nachtspeicheröfen verbilligt erscheint.

8.5.7 Fußbodenheizung

Wenn Sie unserer Empfehlung folgen und einen Heizkessel wählen, der im Niedertemperaturbereich arbeitet, um später einmal alternative Energien einsetzen zu können, sollten Sie Ihren Versorgungstechniker auch Angebote für eine Fußbodenheizung einholen lassen. Denn eine Fußbodenheizung, die durch die gleichmäßige Temperaturverteilung im Raum ein sehr angenehmes Wohnklima erzeugt, muß nicht unbedingt teurer sein, wenn man die ohne Heizkörper deutlich verbesserte Nutzbarkeit von kleinen Räumen einkalkuliert. Ein Nachteil der Fußbodenheizung, der in den hochgedämmten Häusern sehr unangenehm sein kann: die Trägheit der Fußbodenheizung. So dauert es mit einer Fußbodenheizung relativ lange, bis ein Raum angenehm warm wird. Und es dauert bei dieser Heizungsmethode auch sehr lange, bis der Raum abkühlt, nachdem die Heizung ausgeschaltet wurde.

8.5.8 Heizkörper

Dagegen reagieren Heizkörper auf einen veränderten Wärmebedarf schnell und flexibel. Sie sind als die nach wie vor preisgünstigste Möglichkeit der Wärmeübertragung zu empfehlen. Zumal in den extrem gedämmten Häusern von heute die Heizkörper nicht mehr zwangsläufig die Fenster verstellen müssen, sondern auch an Rauminnenwänden plaziert werden können. Es ist sogar möglich, die Heizkörper um einen in der Mitte des Hauses verlaufenden Heizstrang zu gruppieren, wodurch erhebliche Kosten für die so stark verkürzten Heizungsrohre gespart werden können. Falls Sie sich also für die Installation von Heizkörpern entscheiden, sollten diese fertig lackierte Standardmodelle sein. Sie haben später immer noch die Möglichkeit, sie gegen „schickere“ auszutauschen. Verzichten Sie in jedem Fall auf den Bau von Heizkörpernischen in Außenwänden, denn die kosten nur Geld und sind heizungstechnisch Unsinn.

8.5.9 Regeltechnik

Um die Umwelt zu schonen und dauerhaft wenig Geld für Energie auszugeben, sollten Sie bei der Regeltechnik Ihrer Heizung nicht zu knauserig sein. Programmierbare Thermostatventile, Raumfühler und Zeitschaltungen sind Investitionen, die sich schnell bezahlt machen. So sorgen die Raumfühler dafür, daß alle Wärmequellen im Raum bei der Heizungssteuerung „bedacht“ werden. Wenn sich beispielsweise in einem Raum fünf Personen aufhalten, wird von ihnen eine Wärmeleistung von ca. 500 Watt produziert. Eine Heizungsanlage ohne Raumfühler ignoriert dies und heizt weiter, bis es Ihnen zu warm wird und Sie die Heizung herunterdrehen (bis dahin ist aber schon einiges an Energie „verpulvert“ worden). Dagegen registriert ein Raumfühler die Wärmeproduktion dieser fünf Personen und meldet der Zentrale: Temperatur im Zimmer steigt über den vorgegebenen Wert. Heizleistung sofort zurückfahren. Dasselbe passiert natürlich auch, wenn an einem regnerischen Tag plötzlich die Sonne scheint und Sie nicht zu Hause sind, um die Heizung zurückzudrehen.

Zeitschaltungen dienen dagegen dazu, die Heiztemperatur zu senken, wenn im Haus niedrigere Temperaturen gewünscht werden: beispielsweise in der Nacht oder im Urlaub. Ohne Verlust an Behaglichkeit können Sie mit Hilfe dieser Einrichtungen viel Energie sparen. Wenn Sie als zukünftiger Bewohner dann auch noch ihre Lüftungsgewohnheiten kontrollieren, eventuell vorhandene Klappläden nachts schließen und im Winter nicht im T-Shirt in der Wohnung herumlaufen, werden Sie es in Ihrem Haus mit geringem Energieverbrauch mollig haben. Dazu unser Motto: „Wer früher friert, der heizt auch mehr.“

Wenn Sie sich bei diesem Kapitel fragen, ob Sie sich immer noch im Buch „Preiswertes Bauen“ befinden, weil wir Ihnen zu einigen zusätzlichen Investitionen geraten haben, sollten Sie eines bedenken: Sie als privater Bauherr können die Kosten für die Installation Ihrer Heizungsanlage von der Steuer absetzen, nicht jedoch die laufenden Kosten. Dies bedeutet: Auch unter diesem Aspekt ist nicht die am billigsten zu installierende Heizung für Ihr preiswertes Haus die beste, sondern die umweltverträglichste, bei der die Installationskosten (einschließlich Steuervorteil) im bestmöglichen Verhältnis zu den laufenden Kosten stehen.

8.5.10 „Niedrigenergiehäuser" und „Passivhäuser"

Nachdem die neue Wärmeschutzverordnung am 1. 1. 1995 in Kraft getreten ist, sind die Investitionskosten für ein Niedrigenergiehaus nur noch wenig höher als bei einem entsprechend den neuen Vorschriften gedämmten Haus. (Es gibt sogar Experten, die behaupten, daß diese gar nicht mehr teurer sein müssen.)

Niedrigenergiehäuser werden durch einige bautechnische Details charakterisiert, die durchaus im Einklang mit der Forderung nach preiswertem Bauen stehen. So wird darauf geachtet, daß der (möglichst kompakte) Baukörper über eine große Wärmespeicherfähigkeit verfügt und seine Außenfläche im Verhältnis zum Rauminhalt möglichst klein ist. Optimal kann diese Forderung bei Reihenhäusern umgesetzt werden. Die großen Fensterflächen der Niedrigenergiehäuser weisen nach Süden, verfügen zudem über eine hervorragende Dämmung ihrer äußeren Hülle, die bis ins Detail außerordentlich sorgfältig und winddicht ausgeführt wird. Damit beim Lüften des Hauses weniger Wärme verlorengeht, wird kontrolliert gelüftet und dabei die in der Abluft enthaltene Wärme zurückgewonnen. Daß die Heizungsanlage speziell auf diesen Haustyp abgestellt wird, schnell reagiert und möglichst umweltfreundlich arbeitet, ist selbstverständlich.

Während sich ein sogenanntes Niedrigenergiehaus mit einem Energieverbrauch von ca. 70 kWh pro Quadratmeter Wohnfläche auch für den preisbewußten Bauherrn durchaus rechnet, sieht es bei den sogenannten Passivhäusern, die nur etwa 20 kWh pro Quadratmeter Wohnfläche verbrauchen, anders aus. Der Staat fördert seit 1996 energiesparendes Bauen zwar mit einer Zulage von 8 x 400 DM (vorausgesetzt die Investitionen werden bis zum 1.1.1999 getätigt). Die Investitionskosten für ein Passivhaus sind aber hoch. Wegen fehlender Wirtschaftlichkeit kann dem Leser *dieses* Buches daher trotz der Zulage zur Zeit nicht empfohlen werden, ein derartiges Haus zu bauen. Ein Buch zum Thema „Ökologisches Bauen" wird hier zu Recht eine andere Empfehlung geben.

8.6 Sanitär

„Wasser ist knapp"

8.6.0 Grundsätzliches

Bei diesem Kapitel packt uns regelmäßig die Wut, wenn wir die Zeitschriften betrachten, die sich angeblich mit preiswertem Bauen beschäftigen: Seite um Seite werden da sinnvolle Tips gegeben, wie Bauherren Geld sparen können. Aber im Bad setzt die Vernunft aus: Zwar wird noch auf den Spülkasten mit der Wasserspartaste hingewiesen, aber die Abbildungen dazu (die oft erstaunlich gut mit der Anzeigenwerbung in dem Heft korrespondieren) zeigen ausschließlich „sündhaft" teure Bäder, die sich kein normaler Häuslebauer leisten kann. Denn dort verschlingen allein die Armaturen so viel Geld, wie Ihr ganzes Bad kosten darf! Deshalb ist an dieser Stelle Ihre Disziplin gefordert. Im Bad können Sie ohne Probleme Ihren gesamten Kostenrahmen sprengen. Zwar fängt das Sparen schon früher an, aber weil es besser zur Einleitung paßt, beginnen wir mit den Armaturen.

8.6.1 Armaturen

An Markenfabrikaten führt hier kein Weg vorbei. Auch wenn diese Armaturen das Dreifache von Billigangeboten im Baumarkt kosten. Durch die längere Lebensdauer und die Reparaturfreundlichkeit machen sie sich trotzdem bezahlt. Die billigste Armatur ist zu teuer, wenn sie ständig tropft, nach einem Jahr nicht mehr funktioniert und dann auf der Mülldeponie landet. Von farbigen Armaturen raten wir Ihnen ab. Denn anders als bei verchromten sehen hier nur sehr teure Modelle auch nach ein paar Jahren noch schön aus. Wenn es aber unbedingt farbig sein soll: Einige Hersteller bieten mittlerweile verchromte Armaturen an, die mit mehreren farbigen, austauschbaren Gummieinsätzen geliefert werden und so ein bißchen Abwechslung ins Bad bringen können.

Eine Investition, die sich in kürzester Zeit rechnet, sind wassersparende Armaturen mit Durchflußbegrenzer. Denn Wasser wird immer knapper und damit zwangsläufig teurer. Deshalb gleich zur „Kardinalfrage“ im Bad:

8.6.2 Dusche oder Badewanne?

Auch wenn wir „eingefleischte“ Badewannenfans nicht überzeugen können, dennoch hier unsere klare Empfehlung: Verzichten Sie auf die Badewanne. Sie sparen Stellfläche und über Jahre jede Menge Wasser. Mit dem Wasser von einem Wannenbad können Sie bis 3mal duschen!

Wenn in Ihrem Haushalt gehbehinderte oder alte Menschen leben, ist es sinnvoll, die Duschtasse durch einen Bodenablauf zu ersetzen. Denn diese (großzügig zu dimensionierende) Dusche kann dann auch von einem Rollstuhlfahrer problemlos genutzt werden. Es entstehen jedoch Mehrkosten in Höhe von ca. 10 %, weil der Boden im Bad bei dieser Lösung aufwendiger und besonders sorgfältig abgedichtet werden muß.

8.6.3 Sanitärobjekte

Hier empfehlen wir Ihnen, das preiswerteste weiße Standardprogramm zu wählen. Weiß deshalb, weil diese Farbe nur ganz geringen Farbtonschwankungen unterliegt. Wenn Sie beispielsweise in 10 Jahren das Waschbecken oder die Toilette austauschen wollen, ist das mit weißen Objekten ganz einfach. Wählen Sie aber eine Modefarbe wie türkis, rosa oder dunkelblau, werden Sie in einigen Jahren nichts Passendes mehr finden. Zudem sieht man sich an diesen farbigen Objekten sehr schnell „satt“. Dagegen ist es sehr einfach, einem weißen Bad durch farbige Handtücher und Vorleger mit wenig Aufwand einen modischen Anstrich zu geben.

Ob Sie sich für eine Standtoilette entscheiden, ist eine Frage des Preises und der Hygiene. Hängetoiletten sind leichter zu säubern. Standtoiletten kosten dagegen nur die Hälfte, hinter ihnen bilden sich jedoch gelegentlich schwierig zu reinigende Schmutzecken. Wir halten Standtoiletten trotzdem für völlig ausreichend.

Bei den Waschbecken gibt es keine preisbestimmenden funktionellen Aspekte, die es zu beachten gilt. Einzig Form und Farbe entscheiden hier über den Preis. Ob Sie ein zweites Waschbecken brauchen, hängt von der Größe Ihrer Familie und Ihren Lebensgewohnheiten ab.

8.6.4 Gäste-WC

Ob Sie im Gäste-WC einen Warmwasseranschluß vorsehen sollten? Wir meinen nein. Es sei denn, Sie benötigen das Gäste-WC als vollwertigen „Zweitwaschplatz" für die Familie.

Extratip:
Eine andere Sparmöglichkeit könnte so aussehen, daß Sie im Bad auf Toilette und Waschbecken verzichten und für diese Objekte einen separaten Raum vorsehen. Denn so können Sie, bei geringen Mehrkosten, auch ohne Gästetoilette Badewanne und Toilette gleichzeitig benutzen.

8.6.5 Leitungsstrang

Schon im Kapitel 7.14 „Versorgungsleitungen" haben wir darauf hingewiesen: Wenn es sich baulich einrichten läßt, sollten Küche, Bad und Gäste-WC möglichst von einem Leitungsstrang versorgt werden. Denn so (und durch eine kompakte Gruppierung der „Wasserverbraucher" im Bad) können Sie die Installationkosten deutlich senken. Besonders wenn Sie darauf achten, daß die Abwasser führenden Leitungsschächte zwischen Nebenräumen verlaufen. Der Schallschutz kann dann wesentlich weniger aufwendig ausfallen als bei einer Führung der Rohre durch das Schlafzimmer. Denn dort würden schlecht gedämmte Rohre bei jeder Benutzung der Toilette im Obergeschoß die Schlafenden im Erdgeschoß aus dem Bett werfen. Kurze Leitungsstränge haben neben den niedrigen Installationskosten einen weiteren Vorteil: Je kürzer ein Rohr ist, um so weniger leicht verstopft es. Und sollte dies doch einmal passieren, läßt sich eine Leitung etwa von 3 m Länge viel leichter und billiger reinigen oder ausbauen, als dies bei einer 6 m langen Leitung der Fall wäre. Falls die Planung Ihres Architekten Küche und Bad im Erdgeschoß vorsieht, sollten Sie die Leitungen dennoch bis ins Dachgeschoß ziehen lassen. Das kostet nicht viel, und Sie halten sich so die Möglichkeit offen, Ihr Einfamilienhaus im Notfall ohne großen Mehraufwand in zwei kleine Appartements zu teilen.

8.6.6 Warmwasserbereitung

Die Warmwasserbereitung kann gekoppelt mit dem Heizungskessel oder unabhängig von ihm erfolgen. Wird das Wasser getrennt vom Heizungskessel erwärmt, beispielsweise durch einen Durchlauferhitzer, sind die Installationskosten zwar niedrig, dafür werden aber die Betriebskosten und die Umweltbelastung höher. Wir geben deshalb der zentralen Warmwasserbereitung den Vorzug und erinnern Sie an den steuerlichen Aspekt des Themas: Investitionskosten können Sie als Privatperson von der Steuer absetzen, Betriebskosten jedoch nicht.

Extratip:
Falls Sie beim Umzug in Ihr Haus auch die Spül- und Waschmaschine erneuern möchten, achten Sie beim Kauf darauf, daß die Geräte an die zentrale Warmwasserbereitung angeschlossen werden können und daß die Installation in Ihrem Haus entsprechend ausgelegt wird. Denn während bei älteren Geräten warmes Wasser elektrisch und damit sehr teuer innerhalb der Geräte erzeugt wurde, kann die Versorgung mit Warmwasser heute billiger und umweltfreundlicher über das zentrale Warmwassernetz erfolgen.

8.6.7 Zisterne

An dem Bau einer Zisterne führt für den preis- und umweltbewußten Bauherrn kein Weg mehr vorbei. Denn Wasser ist knapp und teuer. Ökonomisch und ökologisch sinnvoll kann in der Zisterne gesammeltes Wasser für das Wässern des Gartens, zum Putzen, für die Toilettenspülung, und den Betrieb der Waschmaschine eingesetzt werden. Der Bau von Zisternen wird von vielen Städten, Gemeinden und Bundesländern erheblich bezuschußt. Deshalb sollten Sie auch nach diesen Programmen vor Abgabe des Bauantrages fragen.

8.7 Elektroinstallationen

„Hier gibt es nicht viel zu sparen"

8.7.0 Grundsätzliches

Elektroinstallationen – ein Kapitel, bei dem Sie nicht viel Geld sparen können. Dennoch wollen wir Ihnen helfen, die Summe, die Sie zur Verfügung haben, sinnvoll einzusetzen.

Zunächst: Wer soll die elektrischen Anlagen planen?
Wie auch bei der Heizung ist es sinnvoll, wenn die elektrischen Anlagen nicht von der ausführenden Firma, sondern von einem unabhängigen Elektroingenieur geplant werden. Das Geld, das er kostet, kann er oftmals schon durch die geschickte Anordnung der Leitungen und die optimierte Ausschreibung einsparen.

8.7.1 Steckdosen und Schalter

Auch wenn es gelegentlich anderslautende Empfehlungen gibt: An der Zahl der Steckdosen und Schalter sollten Sie nicht sparen. Denn Provisorien (z.B. Verlängerungskabel), zu denen gegriffen wird, wenn zuwenig Steckdosen installiert wurden, sind auch nicht billig und können eine nicht unerhebliche Unfallgefahr darstellen. Die Kosten für die Installation von Schaltern und Steckdosen vor dem Verputzen sind gering, die Nachrüstung dagegen ist unverhältnismäßig teuer.

Sparen können Sie dagegen bei dem „Schalterprogramm", das Sie wählen. Das einfachste Standardprogramm reicht völlig aus und kostet oftmals einen Bruchteil der Luxusversionen. Später können Sie die Abdeckungen dieser Schalter und Steckdosen problemlos gegen aufwendigere austauschen.

Bei der Auswahl des Programms sollten Sie darauf achten, daß die Schalter möglichst groß und damit bedienungsfreundlich sind.

8.7.2 Installation

Installiert werden sollten Schalter und Steckdosen an den (maximal drei) Innenwänden des Raumes, auf denen auch im benachbarten Raum Installationen vorgesehen sind. Extreme Sparer können auf Installationen für Deckenlampen ganz verzichten.

Falls in Ihrem Haushalt gehbehinderte Personen leben, die in absehbarer Zeit an einen Rollstuhl gebunden sein werden, können ohne Mehrkosten die Schalter in einer Höhe von ca. 90 cm installiert werden, so daß sie auch vom Rollstuhl aus bedient werden können.

Oftmals werden Leerrohre dem Bauherrn als kostensparende Installationsmethode empfohlen. Von vornherein eingeplante Aussparungen in Betonteilen oder Schlitze im Mauerwerk sind jedoch in jedem Fall billiger.

Sinnvoll ist es auch, die Stromkreise nicht mehr wie früher üblich in separaten Dosen zu verteilen. Diese Verteilung erfolgt besser direkt in den Schalterdosen, weil dann bei Änderungen an der Elektroinstallation Putz und Tapeten nicht beschädigt werden und zudem kein Schmutz entsteht.

Aufgabe Ihres Elektroingenieurs wird es sein, die Lage der von Ihnen gewünschten Schalter unter kostensparenden Aspekten zu optimieren. Er wird darauf achten, daß keine unnötigen Sicherungskreise und technisch aufwendigen Schaltungen installiert werden.

8.7.3 Elektrosmog

Auch wenn sich die Wissenschaftler noch nicht ganz einig sind, wie gesundheitsschädlich Elektrosmog ist: Sie sollten auf jeden Fall dafür sorgen, daß Kinderzimmer und Schlafzimmer in der Nacht frei von elektrischen und magnetischen Feldern sind. Die Installation sogenannter Netz-Freischalter in diesen Räumen kostet wenig, sorgt aber zuverlässig dafür, daß Ihr Schlaf nicht durch elektromagnetische Strahlen gestört werden kann. Denn ein Netz-Freischalter trennt die Stromversorgung dieser Zimmer sicher vom Stromnetz.

8.7.4 Sprechanlage

Falls Sie den Eingangsbereich von einem Zimmerfenster aus oder durch das Glas in der Eingangstür sehen können, halten wir eine Sprechanlage für überflüssig.

8.7.5 Bewegungsmelder

Bei der Außenbeleuchtung Ihres Hauses sollten Sie darauf achten, daß Lampen mit Bewegungsmeldern eingeplant werden. Diese kosten nicht viel, bewirken aber einen Zugewinn an Sicherheit.

8.7.6 Energiesparlampen

Ein neues Haus bietet hier die Gelegenheit, endlich umzurüsten. Auch wenn Energiesparlampen in der Anschaffung deutlich teurer sind als herkömmliche Glühbirnen, sollten Sie dieses Geld investieren. Denn Sie haben eine höhere Lebensdauer und verbrauchen weniger Energie als Glühbirnen, wodurch Sie „unter dem Strich" bei einem normalen Einfamilienhaus in einem Jahr hundert Mark und mehr einsparen können.

8.8 Wandgestaltung

„Sparmöglichkeiten!"

8.8.1 Innenputz

Auch wenn es nicht so klingt, als wenn man dadurch Geld sparen könnte: Aber wenn auf den normalen ca. 1,5 cm dicken Putz verzichtet wird und statt dessen ein dünner Spachtelputz oder ein Strukturputz (der die endgültige Oberfläche darstellt) aufgetragen wird, kommt schon einiges zusammen. Möglich ist dies bei großformatigen Steinen mit ebener Oberfläche. Daß Kellerräume nicht verputzt werden müssen, versteht sich von selbst.

Falls Ihre Wände innen verputzt werden, sollten Sie sich auf eine „Sparmöglichkeit" nicht einlassen. In den normalen Wohnräumen kommt oft Gipsputz zur Anwendung. Dieser wird fertig angerührt auf die Baustelle geliefert – für den Verputzer eine große Zeitersparnis. Im Bad sollte dieser Putz jedoch nicht eingesetzt werden, da er durch die Feuchtigkeit schimmelig werden kann (auch wenn es chemische Behandlungen gibt, die das angeblich verhindern). Im Bad empfehlen wir daher, Kalk-Zement-Putz zu verwenden. Bei der geringen benötigten Menge muß dieser freilich von den Verputzern von Hand angerührt werden. Deshalb werden den Bauherren gelegentlich Preisnachlässe angeboten, wenn sie auch im Bad Gipsputz verwenden. Aus den genannten Gründen sollten Sie auf diese „Sparmöglichkeit" verzichten.

8.8.2 Wandgestaltung in Bad und Gäste-WC

Das auch an der Decke geflieste Bad und Gäste-WC ist eine teure, unnötige und „sterile" Angelegenheit. Sie können sehr viel Geld sparen, wenn Sie entweder auf Fliesen ganz verzichten und die Wände mit wasserfester Dispersionsfarbe streichen. Oder Sie fliesen das Bad nur über dem Waschbecken und im Bereich der Dusche und tapezieren den Rest des Raumes beispielsweise mit einer groben Rauhfasertapete, die Sie mit Arcrylfarbe streichen. Das sieht modern aus und ist außerordentlich reparaturfreundlich. Eine teurere Alternative dazu sind entsprechend gestrichene Glasfasertapeten. Ein so gestaltetes Bad kann um einiges gemütlicher und wohnlicher wirken als ein komplett gefliestes und wird weniger kosten.

8.8.3 Wandgestaltung in der Küche

Auch in der Küche können Sie sparen und zudem in der Kücheneinrichtung flexibler bleiben, wenn Sie auf den Fliesenspiegel über der Arbeitsfläche verzichten. Lackiertes Holz, Metall- oder Kunststoffplatten können ihn preiswert ersetzen.

8.8.4 Wandgestaltung in den Wohnräumen

Eine preiswerte und ökologische Art der Wandgestaltung stellt die Rauhfasertapete mit Anstrich dar. Eine sinnvollere und preiswertere Alternative fällt uns zu diesem Thema auch nicht ein (es sei denn, Sie verzichten darauf zu tapezieren und streichen die verputzten

Wände). Anders bei der Oberfläche der Decken: Hier können Sie noch einmal kräftig sparen. Wenn Sie bei Fertigbetondecken darauf achten, daß die Ausführung in Sichtqualität erfolgt, genügt es, nur die Stoßfugen zu spachteln. Also auf den teuren Deckenputz zu verzichten, um die Decke direkt zu streichen oder zu tapezieren.

Bei Holzbalkendecken kann auf eine Verkleidung der Unterseite verzichtet werden. Ein Anstrich oder eine Verkleidung kann, falls gewünscht, später durchgeführt werden.

8.9 Bodenbeläge

„Und Marmor ist doch Luxus"

8.9.1 Bodenbeläge in Naßräumen

In Küchen, Bädern und Toiletten gelten in Deutschland Fliesen als hygienischer, teurer und schöner Standard. Technisch und ökologisch spricht auch überhaupt nichts dagegen. Einzig der hohe Preis sollte der Anlaß sein, über Alternativen nachzudenken. Aber bevor wir dazu kommen: während es bei den Verlegearbeiten wenig Einsparmöglichkeiten gibt, sieht die Sache bei der Auswahl der Fliesen selbst anders aus. Denn hier können Sie, verzaubert von dem Angebot an traumhaft schönen und sündhaft teuren Fliesen, Ihren Baukostenplan gründlich durcheinanderbringen. Wenn alle Familienmitglieder sich aber beherrschen und preiswerte Fliesen wählen (in den Fliesengeschäften lassen sich jeden Tag durch dieses Thema ausgelöste Tragödien beobachten), halten wir Fliesen durchaus auch für den preisbewußten Bauherrn für sinnvoll. Mitentscheidend ist dabei, woher Ihr Verleger seine Fliesen bezieht und ob es dort eine reichhaltige Auswahl an preiswerten Fliesen gibt. Diese sollten Sie sich vor der Auftragsvergabe anschauen. Und dabei gilt es, einen weiteren Aspekt zu berücksichtigen: Extreme Fliesenmaße (sehr kleine oder große Fliesen) bedeuten für den Verleger einen höheren Arbeitsaufwand. Erkundigen Sie sich deshalb vorher, für welches Format er den niedrigsten Verlegepreis ansetzt, und beachten Sie dies bei Ihrer Auswahl.

Extratip:
Wenn in Ihrem Haushalt alte oder gehbehinderte Menschen leben, empfiehlt es sich, auf dem Fußboden rutschfeste Fliesen zu verlegen. Diese sind nicht teurer, vermindern aber das Unfallrisiko deutlich. Ein Nachteil der rutschfesten Fliesen ist, daß sie etwas schwieriger zu säubern sind.

PVC- oder Gummifußbodenbeläge (unter Umständen auch Linoleum) sind im Bad eine kostensparende Alternative. Fertig verlegt, kostet der Quadratmeter unter 50 DM. Falls Sie gegenüber diesen Materialien ein gewisses Unbehagen verspüren, sollten Sie einmal darüber nachdenken, daß im fertig eingerichteten Bad von dem Fußbodenbelag kaum etwas zu sehen sein wird, weil meist doch ein Teppich auf dem Fußboden liegt. Wie bei den Kunststoffenstern sollten Sie sich auch bei den Herstellern der PVC-Bodenbeläge schriftlich zusichern lassen, daß die alten PVC-Böden zurückgenommen werden und das Material (entsprechend aufbereitet) wiederverwendet wird.

8.9.2 Bodenbeläge in Wohnräumen

Ökologisch unbedenkliche Teppichböden aus Kokosfasern-, bzw. Sisal und Naturhaar gibt es zu Preisen zwischen 50 DM und 70 DM pro Quadratmeter.

Eine Alternative dazu ist Linoleum, das es mittlerweile in schönen Farben gibt. Völlig zu Unrecht hat es bei vielen Bauherren immer noch ein „Arme-Leute-Image". Davon sollten Sie sich frei machen, denn welches Image ein Baustoff auch hat: es darf nicht Ihr Geld kosten. Auch Kork kann als fußwarmer und schalldämmender Fußbodenbelag gut und relativ preiswert in Aufenthaltsräumen eingesetzt werden.

Egal für welchen Fußbodenbelag Sie sich entscheiden: Da Sie nur geringe Mengen benötigen, empfiehlt es sich, die anbietenden Firmen nach Resten zu fragen, die oftmals mit einem erheblichen Preisnachlaß abgegeben werden.

Während auf einer Fertigbetondecke Parkett oder Dielenböden wegen der erforderlichen Unterkonstruktion relativ teuer sind, sieht dies bei Holzdecken anders aus. Dort können Vollholzdielen preisgünstig montiert werden.

8.10 Türen und Eingangsbereich

„Nicht zu schmal, Hans!"

8.10.1 Zimmertüren

Wie schon im Bad haben Sie bei der Wahl der Türen die gute Gelegenheit, Ihren Kostenrahmen problemlos kräftig zu überschreiten. Die Ausstellungen der Türenhersteller werden Sie dabei „hervorragend unterstützen". Gibt es dort doch wunderschöne Exponate, die *pro Stück* soviel kosten, wie Ihnen für *alle* Zimmertüren zur Verfügung steht. Aber nun zur Sache, denn Sie wollen Ihren Kostenrahmen ja einhalten:

Türen bestehen aus Türblatt und -zarge. Beide gibt es in den unterschiedlichsten Ausführungen. Der Preis für eine qualitativ vernünftige Tür, die einen guten Schallschutz bietet, liegt mit Einbau bei 500 DM. Falls Sie sich für eine extrem billige Zimmertür (gegen die wir eine Abneigung haben, weil sie oft schon nach wenigen Jahren abgenutzt und kaum mehr reparabel auf dem Müll landet) entscheiden, sollten Sie eines bedenken: Während die Türblätter völlig problemlos ausgetauscht werden können, ist dies bei Zargen mit einem erheblichen Aufwand verbunden. Es empfiehlt sich daher, eher bei den Türblättern als bei den Zargen zu sparen.

Wenn eine Tür nicht nur schallschützend, sondern auch lichtdurchlässig sein soll, werden Sie vielleicht mit einer Glastür liebäugeln. Leider sind diese sehr teuer. Als schöner Ausweg bietet es sich hier an, in eine gewöhnliche Zimmertür vom Schreiner ein Rechteck schneiden zu lassen, in das eine Glasplatte eingesetzt wird. Die Kosten dafür liegen bei ca. 200 DM. Eines steht jedoch fest: An

Türen mit Normmaßen führt für den kostenbewußten Bauherrn kein Weg vorbei: Dabei kommen die Türblattmaße 73,5 cm oder 86 cm in Frage. Der Preis für die breitere Tür ist dabei nur geringfügig höher, deshalb sollten Sie sich nach Möglichkeit für das Maß von 86 cm entscheiden. Auch die nächste Normtürbreite von 98,5 cm ist (gleich eingeplant) durchaus bezahlbar. Für gehbehinderte oder ältere Bauherren sind diese Mehrkosten für eine breite und damit behindertengerechte Tür sicher eine gute Investition.

Schiebetüren können, obwohl teurer als Drehtüren, eine bedenkenswerte Lösung sein. Denn die Raumausnutzung von kleinen Räumen kann aus folgenden Gründen erheblich gesteigert werden: zunächst entfällt der „Spielraum“ den eine normale Tür braucht. Zudem kann im Bedarfsfall aus zwei kleinen intensiv genutzten Zimmern schnell ein großer Raum (beispielsweise für Familienfeierlichkeiten) geschaffen werden. Die „Vorhaltung“ und damit zwangsläufig schlechte Ausnutzung eines großen Raumes entfällt damit.

8.10.2 Haustür

Mit der Haustür glaubt so mancher Bauherr sein schlichtes Haus zur Villa „aufmotzen“ zu müssen. Die gruseligen Ergebnisse kann man in den Neubaugebieten betrachten. Völlig überdimensionierte, unglaublich teure, protzige Scheußlichkeiten von Haustüren stehen da, umgeben von winzigen Häuschen. Dagegen wirkt ein preiswertes Gebäude, das nichts anderes zu sein vorgibt, zauberhaft (denken Sie an die wunderschönen Häuser in Dänemark). Damit Ihres ebensoviel Ausstrahlung bekommt, sollten Sie sich nicht verführen lassen und eine einfache Haustür auswählen, die in Größe und Anmutung zu Ihrem Haus paßt. Eine Haustür mit Glaseinsatz erspart Ihnen dabei ein Fenster zur Belichtung der Diele.

8.10.3 Hausnummer

Hausnummern sollten auch in der Nacht von der Straße aus gut zu sehen und möglichst groß sein. Preiswert und schön erreichen Sie dies, wenn Sie im Baumarkt eine Standardhausnummer kaufen und diese farblich passend zu Ihrem Haus streichen.

8.10.4 Briefkasten

Ein wandhängender Briefkasten ist in vernünftiger Qualität schon für 60 DM zu haben. Wesentlich teurer und zudem heizungstechnisch nicht zu empfehlen ist dagegen ein Briefkastenschlitz in der Haustür.

8.11 Treppen

„Nicht zu schmal und nicht zu steil“

8.11.1 Innentreppen

Eine preiswerte Innentreppe muß einfach herzustellen sein und möglichst wenig Platz in Anspruch nehmen. Leider ist es eine recht kniffelige Sache, hier den optimalen Mittelweg zu finden. Grundlegend läßt sich jedoch sagen, daß gerade Treppen in der Herstellung billiger sind als gewendelte. Und je schmaler und steiler eine Treppe ist, um so weniger Platz nimmt sie in Anspruch. Aber auch wenn man sich an sehr steile und schmale Treppen gewöhnen kann, sollten Sie die „Sparwut“ hier nicht zu weit treiben. Denn zumindest die Aufgänge zwischen den Wohngeschossen sollten so breit sein, daß sie auch von älteren oder gehbehinderten Menschen angstfrei benutzt werden (Mindestbreite 90 cm, besser sind 100 cm). Zudem dient eine Treppe als „Transportweg“, und wenn dieser zu schmal ausfällt, sind Beschädigungen der Wände vorprogrammiert.

Prinzipiell können Sie dagegen sparen, wenn Sie statt einer Betontreppe eine aus Stahl/Holz oder Holz wählen und auf die Setzstufen verzichten. In modernen Häusern lassen sich sogar extrem billige Industrietreppen aus Stahl einsetzen.

8.11.2 Außentreppen

Preisbewußte Bauherren sollten auf einen separaten Kellereingang und die dazugehörige Außentreppe verzichten. Steht doch deren Nutzen in keinem Verhältnis zu den Kosten, die bei ungefähr 8000 DM liegen.

8.12 Balkone

„Weglassen"

In allen Neubaugebieten sieht man sie: große Balkone mit aufwendigen, teuren Geländern, auf denen selten ein Mensch zu sehen ist, weil sich alle lieber im Garten aufhalten. Und wenn man die gängigen Bauzeitschriften aufschlägt, sind diese voll von Expertentips zur Sanierung von ebendiesen Balkonen.

Deshalb (bevor wir zu den Tips für den preiswerten Bau von Balkonen kommen) hier die technisch beste und extrem kostensparende Lösung: Verzichten Sie auf einen Balkon, den Sie ohnehin kaum benutzen werden.

Wenn Ihr Herz aber sehr an einem solchen hängt, sollten Sie folgendes beachten. Bautechnisch „innig" mit dem Haus verbundene Balkone sind bauphysikalische Schwachstellen. Denn an dieser Verbindungsstelle zwischen innen und außen treffen sehr unterschiedliche Temperaturen aufeinander. Würden keine Gegenmaßnahmen ergriffen, käme es an diesen sogenannten Kältebrücken zu Schimmelbildung. Um dies zu verhindern, kann die Balkonplatte entweder dick mit isolierendem Material „eingepackt" werden, um das Temperaturgefälle zu reduzieren. Oder die Betonplatte wird bauphysikalisch mit Hilfe technischer Mittel thermisch getrennt. Sorgfältig durchgeführt, funktionieren beide Methoden. Billiger wird es jedoch, wenn Balkone bauphysikalisch vom Haus abgekoppelt als Holz- oder Stahlkonstruktion vor dem Haus stehen. So entfallen aufwendige, teure und reparaturanfällige Abdichtungen der Bodenplatte gegen Feuchtigkeit, denn der Gehbelag besteht ebenfalls aus Holz oder Stahl.

Eine Alternative zum Balkon sind die sogenannten französischen Fenster, die in den oberen Stockwerken einen Balkon ersetzen können. Diese reichen bis zum Boden und werden von einem Brüstungsgeländer begrenzt.

9 Ökologie

„Ein zu kurz geratenes Kapitel!“

9.0 Grundsätzliches

Ökologisch und preiswert bauen: ein sehr einfaches und ein sehr schwieriges Thema. Einfach deshalb, weil kein Bauherr ein Haus bauen möchte, daß ihn krank macht und durch das die Umwelt mehr als unvermeidbar belastet wird.

Kompliziert wird die Angelegenheit durch zwei Tatsachen: Leider ist der Streit über das, was einen gesunden und ökologisch verträglichen Baustoff ausmacht, in vollem Gange. Dadurch wird es außerordentlich schwer, konkrete Empfehlungen zu geben.

Problematisch wird die Behandlung des Themas, wenn zudem noch ein preiswertes Haus gebaut werden soll. Aber wir wollen versuchen, Ihnen wenigstens ein paar grundlegende Tips zu geben. Unsere Leitlinie ist dabei alles andere als dogmatisch. Wir sind der Meinung, daß auch ein riesiger Schuldenberg eine gesundheitliche Belastung darstellen kann, und denken, daß die Mehrkosten für ein ökologisches und gesundes Haus in einem vernünftigen Verhältnis zu ihrem Nutzen stehen müssen.

In diesem Kapitel gehen wir vorwiegend auf die prinzipiellen Probleme ein, während Sie unsere konkreten Lösungsvorschläge bei dem jeweiligen Gewerk finden.

9.1 Ökologisch und preiswert bauen

„Geht das denn?"

Vorab sei Ihnen versichert: „Es geht!" Aber Ihnen als Bauherrn wird einiges abverlangt. Viel mehr als jener, der nur das Ziel kennt, preiswert zu bauen, müssen Sie bereit sein, überkommene Vorstellungen über Bord zu werfen. Das fängt an bei der Auswahl der Bodenbeläge und hört auf bei der Gestaltung des Gartens.

Und da der Markt für gesunde und ökologisch einwandfreie Materialien noch relativ klein ist, sind diese oftmals teurer als übliche. Was für Sie bedeutet, daß Sie an anderer Stelle noch mehr sparen und eingehender denken müssen als der normale Bauherr dies ohnehin tun muß. In jedem Fall aber sollten Sie folgende Priorität setzen: Ökologisch völlig bedenkenlose und damit oft teure Materialien sollten Sie da verwenden, wo das Entfernen billiger und eventuell gesundheitsschädlicher Baustoffe extrem aufwendig und teuer wäre. Und Sie sollten sie in den Räumen bevorzugt einsetzen, in denen Sie sich am längsten aufhalten (z.B. Kinder-, Schlaf- und Wohnzimmer). Kompromisse können Sie da eingehen, wo die Baustoffe problemlos entfernt werden können (z.B. Bodenbeläge), oder in den Räumen, in denen Sie sich nicht ständig aufhalten (z.B. Flur, Bad, Keller).

9.2 Ökologie und Wirtschaftlichkeit

„Auch ein Neubau muß irgendwann repariert oder entsorgt werden"

Bis jetzt haben wir in diesem Buch einen verhältnismäßig eingeengten Begriff von Wirtschaftlichkeit gebraucht. Uns ging es in erster Linie darum, daß Sie ein Haus bauen, das Sie sich leisten können.

Ein Beispiel: Jeder Käufer eines Autos fragt nicht nur nach den Anschaffungskosten, sondern auch nach den Unterhaltskosten wie z.B. Spritverbrauch, Reparatur- und Versicherungskosten. Welche Kosten bei der Entsorgung entstehen, interessiert den Käufer zur Zeit noch wenig. Genauso oder noch schlimmer sieht es beim Hausbau aus.

Aber es wird höchste Zeit umzudenken: in die Wirtschaftlichkeitsüberlegungen zum Thema Hausbau müssen auch die Ver- und Entsorgungsprobleme mit einbezogen werden. Denn die Preise für Energiever- und Müllentsorgung werden mit Sicherheit in Zukunft nicht sinken. Konkret bedeutet dies für Ihr Haus: Bedenken Sie bei der Auswahl der Materialien nicht nur die Anschaffungskosten. Mindestens ebenso wichtig sind die Betriebskosten, die Instandhaltungskosten, die „Renovierungsfähigkeit“ und die problemlose Entsorgung am Ende einer möglichst langen Nutzungsdauer. Qualitativ hochwertige, haltbare, renovierungs- und recyclingfähige Materialien sind auf Dauer preiswerter als modische und schlecht verarbeitete. Denn die landen oft schon nach kurzer Zeit auf der Mülldeponie, und die notwendige Neuanschaffung belastet erneut die Umwelt und Ihren Geldbeutel. Für den preisbewußten Bauherrn gilt es also, den Mittelweg zwischen niedrigen Bau- und hohen Folgekosten zu finden. Ein nur auf niedrige Baukosten ausgerichtetes Denken kann Sie schnell teuer zu stehen kommen.

9.3 Abfall

„Ein großes Sparpotential“

Noch vor wenigen Jahren gab es in jeder Küche nur einen großen Abfalleimer, in den „kunterbunt gemischt“ alles hineingestopft wurde und als unsortierter Abfall auf einer Deponie gelagert wurde. Diese Art der Entsorgung wird zunehmend unbezahlbar. Deshalb sollte Ihr Architekt genügend Platz (in der Küche und in einem Abstellraum) vorsehen, um sortierten Abfall zu lagern. Daß im Garten eine Ecke für einen Komposthaufen freigehalten wird, dürfte selbstverständlich sein.

Für die Entsorgung der Abfallberge auf einer normalen Baustelle, sind die einzelnen Firmen zuständig. Und das ist gut so. Denn diese kostet die Firmen mittlerweile so viel Geld, daß sie für die Trennung sorgen. Sie als Bauherr sollten sich auf keinen Fall dazu überreden lassen, einen Container für allgemeinen Abfall bereitzustellen. Denn es wird dann weniger sorgfältig sortiert, und zudem werden Container in der Nacht auch gerne von anderen „Entsorgern" kostenlos benutzt. Die Zeiten, als Riesencontainer bereitstanden, um Plastikfolien, Metallbänder, Styropor und alle möglichen anderen Bauabfälle unsortiert aufzunehmen, um dann für ein paar Mark auf einer Deponie „entsorgt" zu werden, gehören nicht nur aus Kostengründen der Vergangenheit an.

Auch wenn es nicht zum eigentlichen Thema dieses Buches gehört: Vor dem verständlichen Bemühen eines Bauherrn und Hausbesitzers, Abfall preiswert zu entsorgen, sollte der Versuch stehen, diesen zu vermeiden.

9.4 Erde

„Wohin damit?"

Auf jeder Baustelle werden Unmengen von Erde bewegt. Besitzer von großen Grundstücken können dieses Kapitel getrost überschlagen, denn sie können den Aushub der Baugrube bis zur weiteren Verwendung problemlos auf ihrem Grundstück lagern. Die Eigentümer kleinerer Grundstücke müssen diesen dagegen oft kostenpflichtig zu einer Erddeponie transportieren lassen. Um die dann gegen Ende der Bauarbeiten zum Anfüllen und zur Gartengestaltung von dort bezogene Erde wieder zu bezahlen. Damit sich dies ändert, haben viele Städte und Gemeinden „Bodenbörsen“ geschaffen, wo Erdanbieter und -sucher „zusammengebracht“ werden. Dies senkt die Kosten, es wird Deponieraum gespart, und lange Transportwege werden vermieden.

Falls es bei Ihnen noch keine Bodenbörse gibt, reicht oftmals eine kleine (rechtzeitig aufgegebene!) Zeitungsanzeige aus, in der Sie Ihren Erdaushub anbieten, um so die hohen Transport- und Deponiekosten zu sparen.

9.5 Der Garten

„Ökologie im Dienste des preiswerten Bauens“

Während im Haus die ökologisch besten Materialien oft die teuersten sind, geht's uns da im Garten besser. Hier sieht es nämlich so aus, daß der ökologisch wertvollste Garten auch der billigste ist (es sei denn, Sie legen den Garten überhaupt nicht an). Ökologisches Denken wirkt hier kostendämpfend.

9.5.1 Ökologisches Denken in der Planungsphase

Ihre „ökologische Gartenarbeit“ fängt dabei schon in der Planungsphase an. Achten Sie darauf, daß auf den alten Pflanzenbestand Ihres Grundstückes die größtmögliche Rücksicht genommen wird, denn der ist oft Heimat für zahllose Lebewesen. Zudem lassen schon einige wenige ältere und damit größere Pflanzen Ihren Garten schneller eingewachsener und schöner erscheinen. Sie können zwar auch in einer Baumschule große, alte Bäume kaufen. Aber wenn Sie preiswert bauen wollen, sind wir der Meinung, daß für große und damit sehr teure Bäume kein Platz in Ihrem Budget ist. Deshalb – stellen Sie sich schützend vor jeden Baum auf Ihrem Grundstück. Dazu gehört, daß während der Bauzeit Bäume weiträumig mit einem Holzzaun geschützt werden. Der Mindestschutz sollte ein Lattenverschlag für den Baumstamm sein, denn der Umgang von Bauarbeitern mit vorhandenen Sträuchern und Bäumen ist in der

Ausführungszeit aus Gedankenlosigkeit oft mehr als roh: da wird unmittelbar neben Sträuchern Bauholz verbrannt, es werden Wurzeln von Bäumen beim Aushub beschädigt, und die schweren Baumaschinen verdichten den Boden mehr als nötig.

Zwar ist der Einsatz von schweren Baumaschinen gerade beim kostensparenden Bauen unvermeidlich. Aber Sie als Bauherr sollten darauf achten, daß nur die kleinstmögliche Fläche des Grundstücks mit diesem schweren Gerät befahren wird. Denn die daraus resultierende Verdichtung des Bodens, hat für die Bodenstruktur erhebliche Folgen. Schon die einfache Abtrennung eines Teils des zukünftigen Gartens mit rot-weißem Signalband kann hier viel bewirken.

9.5.2 Eine Wiese: billig, aber wertvoll

Jahrelang war besonders in Neubaugebieten der Trend zu beobachten, den Garten so pflegeleicht wie möglich zu halten. Große Teile des Grundstücks wurden für viel Geld gepflastert und versiegelt. Immer mehr Lebensraum für Tiere und Pflanzen ging verloren. Eine Bewußtseinsänderung setzte erst ein, als in Deutschland wieder und wieder Keller und Häuser überschwemmt wurden und der Bevölkerung so deutlich wurde, daß sich die Natur nicht „vergewaltigen“ läßt. Für Sie als Bauherrn heißt das: Versiegeln Sie sowenig Boden wie möglich, denn nur ein offener Boden kann seine wichtigen Funktionen im Wasserkreislauf wahrnehmen.

Und last but not least (zumindest in diesem Buch) – Ihr Budget wird es Ihnen danken. Während das Pflastern von einem Quadratmeter Land ca. 100 DM kostet, kommen Sie mit weniger als einem Drittel der Kosten aus, wenn Sie eine Wiese anlegen. Auch für den Fall, daß der Untergrund wie etwa bei einem Autostellplatz befestigt sein muß, gibt es preiswerte und ökologisch vernünftige Alternativen zu Pflastern, wie Schotterrasen und Rasengittersteine.

9.5.3 Einheimische Pflanzen

Die Baumschulen in Deutschland sind voll von den wundervollsten und exotischsten Pflanzen, aber erstens sind diese sehr teuer und pflegeintensiv, und zweitens kennt die einheimische Tierwelt diese Pflanzen nicht und kann sie dementsprechend nicht als Nahrungsquelle und Lebensraum nutzen. Anders dagegen bei den einheimischen Pflanzen: sie sind billig, sie bieten Lebensraum für eine Vielzahl von Lebewesen, und der Pflegeaufwand ist gering. Beispielsweise kostet ein Rhododendron, 80 cm groß, 80 DM und mehr. Er muß während seiner ganzen Lebenszeit intensiv gehegt und gepflegt werden und erreicht dennoch nur selten die Größe wie in seinem natürlichen Lebensraum. Ein Schmetterlingsstrauch dagegen ist schon für 10 DM zu haben und wächst bereits in den ersten drei Jahren zu einem Strauch von zwei Metern Höhe heran. Er muß nur einmal im Jahr geschnitten werden und bietet einer Vielzahl von Lebewesen Nahrung und Unterschlupf. Und wenn Sie einst an einem Sommertag 10 und mehr Schmetterlingsarten auf dem Strauch beobachtet haben werden, wird es Ihnen egal sein, daß bei der Entscheidung für standortgerechte Pflanzen auch deren niedriger Preis eine Rolle gespielt hat.

Stichwortverzeichnis

Abfall 11,68,69,131,132
Abrißgrundstück. 68,69
Alternative Energien . . . 109,110,111
Änderungen. 31,46,48,79,120
Anpassung. 89
Anrufbeantworter 19
Arbeitszimmer 46,87,88,89,90
Architekt 17,23,27,28,29,
50,51,53,56,61,72,78,81,90,102,107,132
Architektenkammer. 53
Architektenvertrag. 54
Armaturen 25,115,117
Auflagenkontrolle. 27,28
Aufmaß. 20,31
Aufwendungs-Zuschüsse 17,18
Ausbauhaus. 78
Ausführungszeit 134
Ausschreibung 23,31,37,48,
50,56,58,107,119
Außenputz. 21
Außentreppe 127

Bad. 13,14,31,73,78,86,88,89,
91,99,108,115,116,117,122,124,125,130
Balkon. 88,128
Bandmaß. 19
Bankbürgschaft 32,33
Banken 33-39,41-45,49,52,62-65
Baugenehmigung. 27,28,46,48,50,70,71
Bauherren-Haftpflichtversicherung . 19
Baukörper 114
Baukosten. 31,35,
39,54,59,61,72,73,82,83,95,96,123,131
Bauleiter 20,22,24,25
Bausparen. 43,44
Bausparkassen. . 39,41,43,45,49,62,63
Baustelleneinrichtung 94
Bautagebuch 19,20,21
Bauwesenversicherung 19,33
Bauzeit 11,12,14,
15,16,48,50,51,81,94,95,97,99,100,133
Bebaubarkeit 71
Behörden 27,61
Berufsgenossenschaften 19
Beschläge. 105,106
Besichtigung 76
Betondachsteine 102
Bewegungsmelder. 121
Bodenbeläge. 123,124,130
Bundesländer 17,18,70,110,118

Dach 12,57,100,101,102
Dachbeläge 102
Dachdecker 56,58,101,102
Dachstuhl 101,102
Dämmung . . 10,95,97,98,102,103,114
Damnum 40
Darlehen 17,18,34-43,63
Decken 28,97,98,99,100,123
Denkmal 69
Diktiergerät 19
Disagio 41
Doppelhaus 52,66,81
Dusche 116,122

Eigenkapital 34,35,36,42,43,49
Eigenleistung 13,69
Einheimische Pflanzen 135
Einsparmöglichkeiten . 42,72,78,81,94,123
Elektroheizung 11
Elektroingenieur 119,120
Elektroinstallation 119,120
Elektrosmog 120
Energiesparlampen 121
Energieträger Gas 110,111
Energieträger Öl 110,111
Entwurf 37,49,50,90,92
Erde 132
Erfolgshonorar 54
Estrich 84,99,100,122
Europa 9

Fenster . . 23,84,95,101,102,104,110,
112,114,121,126,128
Fernwärme 76,111
Finanzierung 15,34-47,52,70
Flächensparendes Bauen 66,79
Fliesen . . . 20,21,25,29,31,122,123,124
Folgekosten 66,72,131
Fotoapparat 19
Freunde 9,34,58,74
Fußbodenheizung 112

Garten . 65,68,84,118,128,132,133,134
Gasheizung 111
Gäste-WC 91,117,122
Gaupen 101
Gebäudeversicherung 19
Geldquellen 40,45
Geldrausch 15
Gerichtsvollzieher 9,12
Geschenke 15
Geschosse 90,103,127
Gesundheit . . 11,103,104,120,129,130
Grundriß 97
Grundschuld 44,62
Grundstück 35,36,37,38,39,
49,56,60,64-77,79,83,89
Grundstücksgröße 64
Grundstückssuche 74

Handwerker. 13,21-32,56,57,73,102,107
Hanglage 73
Hausanschlüsse 88,94
Hausgröße 78
Haustür 126
Haustyp 114
Heizkörper 110,11,112
Heizung 84,87,106,107,110-113
HOAI 20,54
Holzfenster 104
Holzhäuser 10,110
Holzklappläden 106
Honorarordnung 20,54
Hypotheken 36,39-44

Industrielle Vorfertigung 81
Informationen 66,75,77
Ingenieur für Versorgungstechnik . .
. . . . 50,105,106,107,109
Innenputz 121
Inserieren 74

Kassenbuch 15
Keller 72,76,82,83,84,121,127
Kinderzimmer 68,86,98,108,120
Klischees 89
Kooperation 24,25,28,62
KOPF 51
Körperliche Eigenleistung 13,69
Kostenexplosion 9,14
Kosten je qm Wohnfläche 83
Küche 14,18,75,85-88,91,
108,117,122,123,131,132
Kunststoffenster 104,124

Landesbauordnung 20
Lebensversicherung 35,39,42
Leistungen, Ihre 9
Leistungsverzeichnisse . . 23,29,31,50
Leitungsstrang 91,117

Masse 96,110
Meßlatte 19,20
Mietvertrag 50
Mittelhaus 95

Nachbarn . 9,10,59,70,72,75,79,83,94
Nebenkosten . . . 33,36,38,51,52,81,82
Nichttragende Wände 98,99
Niedrigenergiehäuser 114
Notar 60,62
Notizblock 19

Ökologie 11,103,111,114, 118,
122-124,129-135
Ökologie und Wirtschaftlichkeit . 11,130
Ölheizung 111
Ortsgericht 62,63,64

Partner am Bau 52
Passive Nutzung von Solarenergie .110
Passivhäuser 114
Pflanzen 133,134,135
Planungszeit 17
Porenbeton 95,96,97
Preisspiegelkontrolle 29
Putz . .21,95,96,119,120,121,122,123

Rauhfasertapete 122
Raumgröße 85
Raumhöhe 90
Raumprogramm 85,86,87,88
Rechtsanwalt 22,59
Regeltechnik 112
Reihenhaus 79,80.81,95
Rohbau 93,94,98
Rolläden 106

Sanitärobjekte 116
Satteldach 101
Schalter 119,120
Schätzer 63,64
Schätzung 42,63,64
Schlafzimmer 87,91
Schuldenlast 10
Schwarzarbeiter 57
Sicherheit 92
Sonnenenergie 110
Sprechanlage 121
Statik 55
Statiker 50,55,90,102
Steckdosen 119,120
Stellplätze 27,61,88
Steuerberater .18,39,46,47,49,52,79,82
Steuervorteile 34,35,36,39,41, 43,46,52,57,113

Taschenrechner 19
Telefax 19
Telefonverzeichnis 22
Thermometer 19,21
Thermostatventile 113
Tod 87
Traditionen 86
Tragende Wände 56,95,98
Transport 24,127,132
Treppe 87,92,127
Türen 14,125,126

Verdingungsordnung für Bauleistungen (VOB) 20,32,33
Vergabeverhandlungen 23,30,56
Verkehrsflächen 91
Vermieten 79
Versicherungen 18,19,35
Versorgungsleitungen 19,117
Vertragsgestaltung 32,54,59
Verwandte 35,58

Wachsendes Haus 78
Warmwasserbereitung 117,118
WC 91-94,117,122
Wertentwicklung 67
Wettbewerb 23
Wiederverkaufsmöglichkeiten . . .67
Wiese 76,134
Wirtschaftlichkeit 114,130,131
Wohngeldgesetz 47
Wohnraumbedarf 85
Wohnzeitschriften 13,91
Wohnzimmer 86-91,99,130
Wünsche . . .17,49,50,53,78,85,88,89

Zeit 48,49
Zeitdruck 12,53
Zeitplan 25,48,49,51,53,70,100
Ziegel 56,95,96,97,100
Zimmermann 101
Zinsen 14,18,34-43,60
Zisterne 118
Zuschüsse 17,18,34,35,
36,43,45,52,109,110

Literatur: Zeitschriften und Bücher zum Thema

Wir haben bewußt darauf verzichtet, an dieser Stelle auch die verwendeteten wissenschaftlichen Publikationen und von Bund und Ländern herausgegebenen Broschüren (die oft sehr lesenswert sind) aufzuführen.
Uns kam es darauf an, allgemeinverständliche und problemlos verfügbare weiterführende bzw. ergänzende Literatur anzugeben, wobei diese Liste keinen Anspruch auf Vollständigkeit erhebt!

Zeitschriften

Bauen und Finanzierung: Fachschriften Verlag, Fellbach 1994
Schwerpunkt: Finanzierung

Baumagazin: Viermal jährlich erscheinende Zeitschrift,
Fink-Kümmerly u. Frey Verlag GmbH, Ostfildern
Schwerpunkt: Bauen allgemein

Capital Immobilien: Jährlich erscheinendes Sonderheft,
Gruner & Jahr, Köln
Schwerpunkt: Finanzierung und Steuer

DM Extra Immobilien: Jährlich erscheinendes Sonderheft,
Handelsblatt GmbH, Düsseldorf
Schwerpunkt: Finanzierung und Steuern

Stiftung Warentest: Diverse Veröffentlichungen zu allen Aspekten des Themas „Bauen“, Stiftung Warentest, Berlin

Öko-Test-Sonderheft: Bauen, Wohnen, Renovieren,
Öko-Test Verlag, Frankfurt 1995
Schwerpunkt: Ökologie

Bücher

Brehmer, Beckmann: Baukosten senken, Vieweg Verlag, Braunschweig / Wiesbaden 1991
Schwerpunkt: Baukosteneinsparung

Grote, H.: Bauen mit KOPF, Patzer Verlag, Berlin 1988
Schwerpunkt: Bauorganisation

Hausbesitzer abc (Loseblattsammlung), WRS Verlag, München 1995
Schwerpunkte: Rechtsprechung, Steuer, Finanzierung

Haman, H.: Hausbau und Immobilienkauf, Mosaik Verlag, München 1990
Schwerpunkt: Finanzierung und Steuern

Höfler/Kandel/ Linhardt: Bauen mit dem Rechenstift, C.F.Müller, Heidelberg 1994
Schwerpunkt: Baukosteneinsparung

Reich, H. (Hrsg.): Ökologisch bauen – aber wie? Werner-Verlag, Düsseldorf 1995
Schwerpunkt: Ökologisches Bauen

Schreiber, A: Tiere auf Wohnungssuche, Deutscher Landwirtschaftsverlag, Berlin 1993
Schwerpunkt: Außenanlage, Ökologie